HEYNE BÜCHER

HEYNE RAT-GEBER

PETER KIRCHBERG

OLDTIMER

Autos von einst

WILHELM HEYNE VERLAG
MÜNCHEN

HEYNE-BUCH Nr. 4559
im Wilhelm Heyne Verlag, München

Printed in Germany 1977
Illustrationen: Horst Schleef
Umschlaggestaltung: Atelier Heinrichs, München
Gesamtherstellung: Friedrich Pustet, Regensburg

ISBN 3-453-41234-6

Inhalt

So kam der Mensch aufs Auto

Die Feststellung, daß das Auto aus dem modernen Straßenbild nicht mehr wegzudenken ist, enthält absolut nichts Neues. Das wußte man schon vor Jahrzehnten. Worüber man sich damals aber noch nicht klar war: Hatte das Auto denn nur Bedeutung als Statussymbol des einzelnen? War es als Transport- und Beförderungsmittel des individuellen Verkehrs wirklich eine Notwendigkeit – oder nicht vielmehr eine Last für viele und eine Freude für wenige?

Gewiß – diese Frage wird auch in unseren Tagen noch gestellt. Ihre Beantwortung erledigt sich allerdings heute durch eine Gegenfrage: Wäre eine moderne Millionen-Weltstadt wie z. B. Moskau ohne Kraftfahrzeuge lebensfähig? Ließen sich solche und auch kleinere Ballungszentren etwa mit Pferdefuhrwerken versorgen? Mathematiker haben das Absurde der Frage erwiesen, indem sie die Zahl der erforderlichen Pferde errechneten – es sind Milliarden!

Das Auto gehört also zu den Existenzbedingungen der menschlichen Gesellschaft. Heute – muß man hinzufügen. Denn damals, vor Jahrzehnten, war das alles ganz anders ...

Es hat Jahrhunderte gedauert, bis das Autofahren vom Wunschtraum zur Wirklichkeit wurde, und Jahrzehnte, bevor es dann schließlich Alltagserlebnis geworden ist.

Forscht man einmal nach den allerersten Versuchen, den Traum zur Realität zu verwandeln, dann stößt man auf so berühmte, allerdings mehr von anderen Wissensgebieten her bekannte Namen wie Aristoteles, Archimedes, Heron von Alexandria, Leonardo da Vinci, Roger Bacon usw. Nicht etwa, daß einer von ihnen ein Auto wirklich gebaut hätte – dazu fehlten ihnen einfach die technischen Möglichkeiten. Aber sie hielten es immerhin für nicht ausgeschlossen, daß es unter bestimmten Voraussetzungen eines Tages möglich sein wird, die natürlichen Fortbewegungskräfte des Menschen durch maschinelle Antriebskräfte zu vergrößern oder zu ersetzen. Solche Visionen geben aber keinen Anlaß, ihren Autor gewissermaßen als »Vorerfinder« des Autos zu feiern. Auf die tatsächliche Entwicklung des späteren Kraftfahrzeugs in den achtziger Jahren des 19. Jh. übten diese frühen Ideen keinen Einfluß aus.

Das gleiche läßt sich von jenen sagen, die im Laufe der Zeiten aus irgendeinem Anlaß selbstbewegliche Fahrzeuge bauten. Aus dem Jahre 1504 ist uns beispielsweise in der Chronik von Pirna ein Bericht über die Fahrt eines »selzamen wagens» überliefert, worin es heißt: »Im Jahre 1504 unterstunde sich ein burger, einen wagen mit raedern und schraubengezeug zu machen, der solte ohne pferdt, so einer drauff sass und schraubte fuer sich fahren. Als er es nun wolt probiren gegen dresden zwei meilen zu fahren und richtet alles notdurfftig zu, fuhr er nicht weit, blieb in dem kot, der die zeit gross war stecken; uff der eben und im truckenen haette er es moegen enden. Dabey war ein gross weldvolk, jedermann wolt solch neue ding sehen.«

Hier war die Muskelkraft mit Hilfe von Kraftübertragungselementen auf die Antriebsräder übertragen worden, eine Variante, die sich später wiederholte. So ist durch Holzschnitte Albrecht Dürers vom Triumphzug Kaiser Maximilians I. das Bild eines ähnlichen Wagens überliefert, der von Menschen angetrieben wurde, die im Fahrzeug selbst untergebracht waren und deren Muskelkraft über Schubstangen und Zahnräder übertragen wurde.

Der Holländer Simon Stevin versuchte, den Wind zum Antrieb von Landfahrzeugen zu benutzen, und baute regelrechte Segelwagen, die – gewissermaßen wie Schiffe zu Lande – über die großen, ebenen Sandflächen im niederländischen Küstengebiet gleiten sollten.

Eine weitere Möglichkeit fand schließlich der gelähmte

Benz 1-Zyl. 0,75 PS 1885

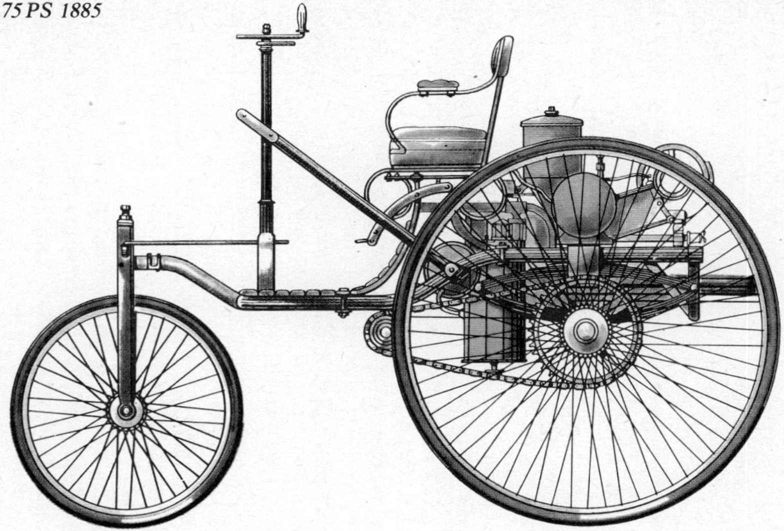

Uhrmacher Stefan Faffler aus Altberg bei Nürnberg, der sich einen mittels Handkurbeln angetriebenen dreirädrigen Fahrstuhl gebaut hatte.

Diese und manche anderen hier nicht erwähnten Versuche blieben jedoch Einzelfälle. Die Muskelkraft – vor allem in Form des Zugtieres –, die sich als Antriebskraft für Fahrzeuge bis zum heutigen Tage erhalten hat, war bis in die späte Neuzeit hinein die ausschließliche Fortbewegungsmöglichkeit für Landfahrzeuge. Die mit großem Geschick gebauten mechanischen Fahrzeuge stellten keinen echten technischen Fortschritt dar, sondern blieben letztlich eine Spielerei. Sie waren weder schneller noch leistungsfähiger als die mit Pferden bespannten Wagen. Das einzige, was sie – mit Ausnahme der Segelwagen – mit dem späteren Kraftfahrzeug gemein hatten, bestand darin, daß die Kraftquelle vom Fahrzeug mitgetragen wurde, daß ein Mechanismus zur Übertragung der Kraft auf die Räder vorgesehen werden mußte und daß die Lenkung vom Fahrzeug aus erfolgte.

Erfolg konnte all diesen Experimenten erst dann beschieden sein, als die menschliche Muskelkraft durch eine Kraftmaschine ersetzt werden konnte und der Mensch das Fahrzeug nur noch zu bedienen brauchte. Damit rückte das Problem des Fahrzeugantriebs in den Vordergrund. Die Erfindung des Kraftfahrzeugs war von der Entwicklung einer entsprechenden Antriebsquelle abhängig; es kam also nicht auf die Erfindung des Kraftfahrzeugs schlechthin an, sondern vielmehr auf die des Fahrzeugmotors.

Historisch gesehen, ist die Dampfmaschine der Urahn aller später und heute üblichen Kraftmaschinen. Allerdings muß sogleich hinzugefügt werden, daß ihre Erfindung weder dem Bedürfnis nach Transportbeschleunigung noch dem Geltungsbedürfnis oder der Prunksucht absolutistischer Fürsten zu danken war. Die Leistungsfähigkeit des Pferdegespanns, auch relativ große Lasten über weite Strecken selbst bei komplizierten Bodenverhältnissen zu befördern, reichte zunächst noch lange Zeit aus, und die Sammelleidenschaft feudaler Herren wurde auch durch mechanische Spielereien befriedigt, die ohne Motor angetrieben wurden. Bekanntlich verdankt die Dampfmaschine ihre Entstehung sehr akuten Bedürfnissen im Bergbau. Hier fand sie auch zuerst und am weitesten Verbreitung, bevor sie sich andere Wirtschaftszweige, wie z.B. Mühlen, Spinnereien usw., eroberte.

Es ist aber kein Wunder, daß man schon bald versuchte, die Dampfmaschine zum Antrieb von Fahrzeugen zu verwenden, nachdem sie eine gewisse Betriebsreife erlangt hatte. Den Anfang machte hier der französische Artillerieoffizier Joseph Cugnot im Jahre 1769. Er baute zwei Zugmaschinen, die zum Transport schwerer Geschütze dienen sollten. Abbildungen des dreirädrigen Fahrzeugs, bei dem über dem Vorderrad ein teekesselartiger Papinscher Dampfkessel angebracht war, zählen zu beliebten Reproduktionen in technikgeschichtlichen Darstellungen. Viele Technikmuseen besitzen maßstäbliche Modelle dieses Fahrzeugs, dessen Popularität nicht allein in seinem Alter und der originellen Konstruktion begründet liegt. Vielmehr stellt es tatsächlich das erste »Kraft«-fahrzeug dar, das erste mit Hilfe einer Wärmekraftmaschine angetriebene Fahrzeug. Mit ihm beginnt die ein Jahrhundert dauernde Vorgeschichte des Fahrzeugmotors bzw. des Kraftfahrzeugs.

In der folgenden Zeit entwickelte sich die Dampfmaschine bekanntlich als Antriebsmittel für Schienenfahrzeuge zuerst und viel erfolgreicher als bei den nichtschienengebundenen Dampfwagen, wo sie sich nur als Übergangserscheinung durchsetzen konnte. Diese unterschiedliche Entwicklung hatte ihren Grund vor allem in den wesentlich komplizierteren Anforderungen des Straßentransports, für den sich die Dampfwagen als viel zu anfällig, unzulänglich und schwer erwiesen. Im Schienenverkehr durfte die Antriebsmaschine sehr viel schwerer als im Straßenverkehr sein. Außerdem konnte die zu befördernde Last beim Schienentransport über eine große Anzahl Anhängerwagen verteilt werden. Die Zugmaschine brauchte hier nur noch Raum für das Lokomotivpersonal zu enthalten; beim Straßenfahrzeug kam außerdem noch der Raumbedarf für die im Fahrzeug selbst zu befördernden Personen bzw. Güter hinzu.

Als besonders kompliziert erwies sich bei nichtschienengebundenen Fahrzeugen das Problem der Lenkung. Bisher bediente man sich der beim Pferdegespann möglichen Hebelwirkung der Deichsel, mit der auch schwere Fahrzeuge beweglich gehalten werden konnten. Am nicht bewältigten Problem der Lenkung scheiterte übrigens auch Cugnot, dessen erste Fahrt bereits nach wenigen Metern an einer Gartenmauer ein jähes Ende fand. Gewiß hatte Cugnot die Mauer gesehen, aber sein plumpes Fahrzeug nicht daran vorbeilenken können. Im Schienenverkehr fielen solche Schwierigkeiten fort. Die Zwangslenkung gestattete hier auch Zuglängen, die im Straßenverkehr unmöglich waren und es noch heute sind.

Dennoch wurden – vor allem in England und Frankreich – zahlreiche Dampfwagen gebaut. Es gab regelrechte Verkehrsunternehmen, deren Omnibusse planmäßig im Liniendienst eingesetzt waren. Auch kleinere Dampfwagen ließen sich hin und wieder blicken, in denen nur ein oder zwei Personen das Vergnügen genossen, sich von den Zeitgenossen wegen ihres technischen Wagemuts bestaunen zu lassen.

Hauptsächliche Mängel der Dampfmaschine blieben für Jahrzehnte ihre zu hohe Masse und ihr zu niedriger Wirkungsgrad. Dennoch ist sie für den Antrieb schienenloser Landfahrzeuge eine Pioniertat gewesen, weil damit das Problem deutlich wurde: Der Straßentransport brauchte einen spezifisch geeigneten Motor. Dieser entstand gewissermaßen unter der Patenschaft der Dampfmaschine. Ihre wichtigsten Grundelemente, nämlich Kolben und Zylinder, wurden auch diejenigen des Verbrennungsmotors. Freilich verdankte auch dieser seine Entwicklung nicht Impulsen aus dem Transportwesen. Mit der Weiterentwicklung der kapitalistischen Produktion war auch ein vielfältigeres Bedürfnis nach zusätzlichen Antriebsquellen spürbar geworden, die der zunehmenden Kompliziertheit und Mannigfaltigkeit besser entsprachen. So blieb die Dampfmaschine beispielsweise für Produktionszweige mit kontinuierlichem Betrieb (Textilindustrie, Bergbau usw.) nach wie vor die günstigste Antriebskraft. In Industriebetrieben, die nur zeitweise eine Kraftmaschine benötigten, war sie in höchstem Maße unrentabel. Diesem Mangel sollte der Gasmotor – erstmals von Etienne Lenoir 1860 in Paris gebaut – abhelfen. Seine Vorteile – höherer

Lanchester 2-Zyl. 6 PS 1895

Wirkungsgrad, billiger Kraftstoff (Leuchtgas) und Rentabilität im Kurzbetrieb – kamen vor allem dem stationären Betrieb zugute. Für den Fahrzeugantrieb ist er niemals diskutabel geworden. Dazu war er zu niedertourig (120 U/min) und damit unelastisch, der Kraftstoffverbrauch zu hoch (2,5 m^3 je PS/h) und seine Installation im Fahrzeug viel zu kompliziert. Vor allem aber waren die Gasmotoren für den Fahrzeugbetrieb viel zu schwer: Ihre Leistungsmasse betrug 600 kp/PS.

Die mit der Zeit getroffenen Verbesserungen – z. B. die Einführung des Viertaktverfahrens, günstiger gestaltete Zündungs- und Verbrennungsvorgänge, die Verwendung von Benzin als Kraftstoff, niedrigere Masse und verkleinerte Ausmaße – dienten zwar in erster Linie breiteren Einsatzmöglichkeiten in der Industrie, brachten aber andererseits auch die Voraussetzungen für die Entwicklung eines spezifischen Fahrzeugmotors mit sich. So war es kein Wunder, daß dieser letzte, entscheidende Schritt dort erfolgte, wo der Motorenbau damals am weitesten fortgeschritten war. Gottlieb Daimler und Wilhelm Maybach hatten sich jahrzehntelang mit den Problemen dieses Zweiges der Technik vertraut gemacht und waren über den Entwicklungsstand und die Möglichkeiten der Maschinenbauindustrie in aller Welt bestens informiert. Ihnen gelang der große Wurf: der schnellaufende benzingetriebene Verbrennungsmotor von kleinen Ausmaßen und günstigem Masse-Leistungs-Verhältnis. Funktionsproben in der Kutsche entlehnten, unbeholfenen Fahrgestellen erbrachten den Beweis: Der Fahrzeugmotor war gefunden. Seine Entwicklung vollzog sich zwar auch ferner in untrennbarem Zusammenhang mit der des Verbrennungsmotors schlechthin, aber dieses Anwendungsgebiet brachte spezifische Anforderungen mit sich, die bis dahin völlig unbekannt waren. Deren Meisterung hat dann die Theorie und Praxis des Verbrennungsmotorenbaues erhebliche Fortschritte zu danken! Mit der Entwicklung des Fahrzeugmotors war gleichzeitig die Vorgeschichte des Kraftfahrzeugs zu Ende.

Antrieb – aber wie?

Mit der Entwicklung des schnellaufenden Verbrennungsmotors war allerdings vorerst nichts entschieden; nun begann erst einmal der Wettlauf der einzelnen Antriebssysteme, denn noch besaß man ja keine Erfahrung darüber, welches wirklich das beste war.

So stand besonders in Frankreich der Dampfwagenbau in hoher Blüte. Bis zum Jahre 1914 haben insgesamt 47 Unternehmen Dampffahrzeuge für den Straßenverkehr nach unterschiedlichsten Systemen gebaut. Sehr bekannt geworden sind die Namen der Konstrukteure Bollée, De Dion, Serpollet.

Bollée hatte bereits 1873 ein Dampfwagenpatent erhalten. Er arbeitete weiter an dessen Vervollkommnung. Sein erster Dampfwagen war die später berühmt gewordene »Obéissante«, mit der er 1875 die immerhin 230 km lange Strecke von Le Mans nach Paris ohne Zwischenfall zurücklegte. Bollée widmete sich auch in den Jahren danach vorwiegend dem Bau schwerer Nutzfahrzeuge und Omnibusse mit Dampfantrieb. 1879 brachte er z. B. einen Doppelstockomnibus mit einer Eigenmasse von 27 t heraus.

Auch De Dion hatte zusammen mit seinem Mitarbeiter Trepardeaux vor der Geburt des Benzschen Kraftwagens seinen ersten Dampfwagen entwickelt (1883). Die beiden Konstrukteure widmeten sich besonders dem Dampfantrieb leichter Fahrzeuge. Sie bauten ein Dampfdreirad und kleine, leichte Vierradwagen mit Dampfantrieb. Gleichzeitig verbesserten sie die Leistungsfähigkeit der Antriebsaggregate so wesentlich, daß sich damit Geschwindigkeiten bis zu 50 km/h erreichen ließen. Es ist also keinesfalls ein Zufall gewesen, daß es ein Dampfwagen war, der das erste Autorennen im Jahre 1894 überlegen vor seinen Benzinmotorkonkurrenten gewann. Er wurde nur deshalb nicht zum Sieger erklärt, weil er nicht den Ausschreibungsbestimmungen entsprach.

Die bedeutendsten Verdienste um die Entwicklung des Dampfantriebs erwarb sich jedoch zweifellos der französische Ingenieur Leon Serpollet. Seinen ersten einfachen und kleinen, dabei jedoch sehr leistungsfähigen Dampferzeuger hatte er bereits 1877 entworfen. Er vervollkommnete ihn während der folgenden 10 Jahre. Nachdem er die Antriebsfrage seiner Auffassung nach zufriedenstellend gelöst hatte, wählte er ein einfaches, dreirädriges Fahrzeug aus, in das er die Dampfmaschine einbaute. Auf einer Fernfahrt von Paris nach Lyon sollte der Beweis der Gebrauchsfähigkeit erbracht werden. Ein eindrucksvoller Bericht des mitfahrenden Freundes ist uns erhalten geblieben. Darin heißt es u.a.: »Die Abfahrt von Paris verlief ohne Unglücksfall. Der Wagen rasselte, die Pferde, welche vorbeikamen, bäumten sich und schnoben, aber die Reisenden empfanden ein um so größeres Vergnügen.

Von der Einfahrt in die Bannmeile an beginnen Schrauben und sonstiges kleines Zubehör des Fahrzeugs nach und nach die Landstraße zu besäen. Bei jedem Dorfe steigt Serpollet vom Wagen, sucht eine Schmiede, und indem er seine Kleider auszieht, schmiedet er selbst Ersatz für das, was unterwegs verlorengegangen ist. Dann füllt man die Kühlschlange mit Wasser und fährt mit verdoppelter Schnelligkeit weiter, um die verlorene Zeit wiederzugewinnen. Mit einem Male, in der Mitte eines steilen Abhanges, bricht die Stange, welche das alleinige Treibrad lenkt, glatt durch. Man preßt die Bremse und hält an. Was tun? Die Reise aufgeben wegen einer solchen Kleinigkeit? Serpollet (und seinen Kompagnon Archdeacon) rührt das nicht. Man fährt weiter. Alle beide über das Vorderteil des Wagens gelehnt, der eine auf der rechten, der andere auf der linken Seite, lenken sie mit Fausthieben auf die Speichen das tollgewordene Rad und erreichen endlich nach unsäglichen Mühen vier Kilometer weiter das Dorf. Ein Schlosser wird aufgetrieben, eine neue Lenkstange ist geschmiedet, enorm, unzerbrechlich. Später beginnt das Pech mit dem Hinterwagen. Die Tür des

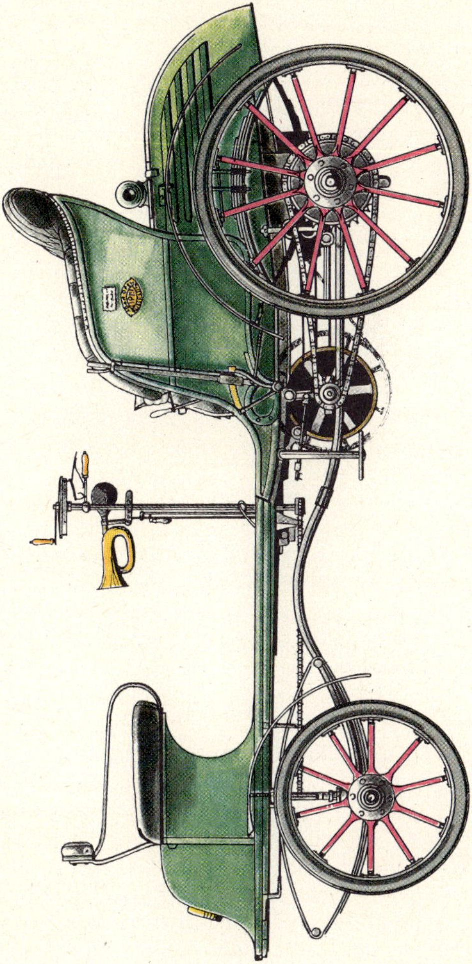

Lutzmann-Opel 1-Zyl. 4 PS 1898

Ofens geht verloren, man findet sie nach vielem Umhersuchen wieder. 100 m weiter wird das Feuer zu lebhaft, die Roststangen schmelzen eine nach der anderen. Eine Stunde später erhitzt sich der Zylinder; man denkt, daß er Bauchgrimmen hat und platzen will. Man rettet ihm das Leben und fährt weiter.«

Nach 10 Tagen erreichten sie das Ziel. Den Konstrukteuren war klar geworden, was sie alles noch zu verbessern hatten. Serpollet ließ nicht locker. Er baute sich ein Rekordfahrzeug und fuhr damit im Jahre 1902 auf der Strandpromenade von Nizza den fliegenden km in 29,8 s, was einer Geschwindigkeit von 120,8 km/h entsprach.

Ihm gelang es durch zahlreiche Verbesserungen, den Wirkungsgrad der Dampfmaschine wesentlich zu steigern. So entwickelte er beispielsweise den sogenannten Blitzkessel, einen Schnelldampferzeuger, bei dem die jeweils benötigte Wassermenge in vorgewärmtem Zustand in die mittels Petroleumbrenner hochgradig erhitzten Röhren des Kessels eingespritzt wurde. Damit stand sofort Dampf zur Verfügung, und die Startzeit des Wagens betrug nur noch 1 Minute. Bei den Dampfwagen mit koksbeheizten Flammrohrkesseln mußte man darauf etwa 30 bis 45 Minuten warten. Im Serpollet-Wagen wurden Wasser und Petroleum je nach Bedarf durch Kolbenpumpen mit veränderlichem Hub zugeführt. Die Maschine selbst war als einfach wirkendes vier- bzw. sechszylindriges Aggregat in Boxeranordnung konzipiert und sah in ihrer äußeren Gestalt dem Verbrennungsmotor sehr ähnlich. Statt Koks wurde, wie bereits erwähnt, Petroleum zur Wärmeerzeugung verwendet.

Trotz dieses hohen Entwicklungsniveaus, dessen absoluter Höhepunkt vielleicht am eindrucksvollsten dadurch gekennzeichnet wurde, daß der Amerikaner Mariot 1906 mit seinem Dampfwagen in Florida eine Meile mit 205,4 km/h durchraste (diese Geschwindigkeit wurde erst drei Jahre später durch ein Rekordfahrzeug mit Verbrennungsmotor wieder erreicht), blieb dem Dampfantrieb die zunehmende Verbreitung versagt. Am längsten konnte er sich noch auf dem Nutzfahrzeugsektor halten. Hier waren es besonders die Feuerwehren, die ihn zu verwenden suchten. Der Gedanke, die Energie des Dampfes nicht nur für die Brandbekämpfung, sondern gleichzeitig auch für die Fortbewegung des Feuerwehrfahrzeugs zu nutzen und dadurch den sehr aufwendigen Pferdebetrieb zu ersetzen, hatte viele Befürworter. Man muß bedenken, daß die Wehren in den Großstädten ständig mehr als 100 Pferde unterhalten mußten, um ihre Betriebsbereitschaft zu sichern. 1901 rüsteten die Feuerwehrleute von Hannover einen ihrer Löschzüge mit einer Dampfspritze aus, deren Kesseltemperatur mit Hilfe von Stadtgas ständig auf 100 °C gehalten wurde. Bei Alarm wurde auf Spiritus umgestellt, und an dessen Stelle trat erst nach Erreichen der nötigen Dampfspannung während der Fahrt und am Brandort die Koksfeuerung. Natürlich war das Verfahren sehr aufwendig und umständlich. Aber als spürbare Auswirkung dieser Umstellung sanken die Kosten für diesen Löschzug, die bei Pferdebetrieb 12 000 Mark im Jahr betrugen, auf 2000 Mark.

Es sind auch noch zahlreiche andere Versuche unternommen worden, die dem Dampfantrieb für schienenlose Fahrzeuge förderlich sein sollten. Trotz aller Höhepunkte und großen technischen Einfallsreichtums läßt sich aber nach der Jahrhundertwende sehr eindeutig der Rückzug dieser Antriebsart beobachten. Woran lag das?

Bereits im 19. Jh. hatten umfangreiche Erfahrungen im Linienbetrieb mit Dampfomnibussen ergeben, daß der Dampfantrieb nur bedingt den Anforderungen des Betriebs im Straßenverkehr entsprach. Die entscheidenden technischen Mängel der Dampfmaschine waren zunächst ihre große Eigenmasse und ihr niedriger Wirkungsgrad, der bei einer größeren Anlage etwa 15 %, bei einer kleinen aber nur 2 % betrug. Für den Fahrzeugantrieb mußte die Dampfmaschine natürlich möglichst klein sein. Je kleiner sie aber wurde, desto geringer wurde auch ihr Wirkungsgrad. Auch der große Raumbedarf der Kesselanlage, die geringe Betriebsbereitschaft, der kleine Aktionsradius infolge der erforderlichen ständigen Wasseraufnahme, die Unwirtschaftlichkeit im Kurzzeitbetrieb sowie die Notwendigkeit eines zusätzlichen Heizers bei Kohlefeuerung förderten nicht die Verbreitung dieser Fahrzeugart. Der hohe Kohleverbrauch beeinträchtigte die Wirtschaftlichkeit sehr: Man brauchte etwa 5 bis 6 kg/PSh. Dadurch war es erforderlich, wie bei der Eisenbahn einen Tender mitzuführen oder Raum für einen Kohlebunker im Zugfahrzeug selbst zu schaffen bzw. in kurzen Abständen immer neue Kohle aufzunehmen.

Auf die Beseitigung bzw. Linderung dieser Mängel konzentrierte sich die Arbeit der Konstrukteure und Techniker. Man entwickelte Hochleistungsdampfmaschinen von kleinen Ausmaßen und verwendete Petroleum statt Koks. Das Leistungsgewicht sank, und die erzielbaren Geschwindigkeiten stiegen. Sie übertrafen zum Teil sogar die von Fahrzeugen mit anderem Antrieb. Dennoch konnte man die prinzipiellen Mängel des Dampfantriebs nicht beseitigen. Sie lagen in der vergleichsweise langen Startzeit, die je nach Größe der Anlage bis zu 30 Minuten dauerte. Außerdem war es auch nach wie vor nicht gelungen, den Kondensator so klein zu gestalten, daß die gesamte Anlage ein Gesamtvolumen wie der Verbrennungsmotor beanspruchte – von den benötigten Tanks gar nicht zu sprechen. Schließlich waren die Dampffahrzeuge mit ihrer Verfeinerung auch komplizierter und vor allem teurer sowohl in der Herstellung als auch im Verbrauch von Kraftstoffen geworden. Beispielsweise kostete die Koksfeuerung um die Jahrhundertwende 4 Pf/PSh, während man beim Benzinautomobil 6 bis 8 Pf/PSh errechnet hatte. Der Kostenvorteil des Dampfantriebs ging mit der Übernahme der Petroleumfeuerung verloren, denn damit war ein erheblich größerer finanzieller Aufwand verbunden (18 Pf/PSh). Hinzu kam, daß die Dampfanlagen unter die allerorten sehr ausgeprägten Dampfkesselgesetze fielen. Sie schrieben für die Dampfmobile zusätzlich Dampfkesselpapiere vor, deren Gebühren sehr hoch waren. Jedes Jahr mußte eine behördliche Kesselinspektion absolviert werden. Alle drei Jahre waren Wasserdruckproben bei demontierter Anlage vorzunehmen, und nach jeder Kesselinstandsetzung war ein Meldevorgang mit behördlicher Abnahme erforderlich. Unter diesen Umständen sanken die Chancen des Dampfantriebs. Vor allem der Verbrennungsmotor bewies in entscheidenden Punkten seine Überlegenheit.

Dennoch verlor der Dampfantrieb seinen Reiz für die

Wartburgwagen 2-Zyl. 3,5 PS 1898

Automobilbauer nicht. Die große Zuverlässigkeit und Einfachheit der Dampfmaschine, ihr geräuschloser und elastischer Lauf, die geringe Drehzahl mit niedrigem Verschleiß, die hohe Belastbarkeit und die Fähigkeit, unter Last anzufahren, ohne ein Getriebe zu benötigen, lockten Unermüdliche immer wieder zu neuen Experimenten.

Sehr viel jüngeren Ursprungs ist der Elektroantrieb. Voraussetzung für einen erfolgreichen Einsatz waren zwei Erfindungen. Zunächst einmal brauchte man einen leistungsfähigen Speicher, in dem sich Elektroenergie – ähnlich den Antriebsmitteln bei Dampfmaschinen – sammeln ließ und der dann nach Bedarf die benötigte Energie freigab. Dieses Problem galt im Prinzip als gelöst, nachdem 1859 der französische Physiker Plantée den ersten elektrischen Energiespeicher in Form des Bleiplattenakkumulators erfunden hatte. Dieser wurde in den folgenden Jahren verbessert und vor allem leistungsfähiger gestaltet.

Außerdem benötigte man zum Übertragen der gesammelten elektrischen Energie und zum Antrieb einen spezifischen Elektromotor. Im Jahre 1866 entdeckte Werner von Siemens das dynamo-elektrische Prinzip, das bald darauf beim Bau von Elektromotoren Anwendung fand und zum Grundelement elektrischer Kraftübertragung wurde.

Nachdem solchermaßen der elektrische Antrieb technisch möglich geworden und auch auf verschiedenen Gebieten bereits zum Einsatz gelangt war, suchte man nach Möglichkeiten, ihn auch zum Fahrzeugantrieb nutzbar machen zu können. In den achtziger Jahren – also zur gleichen Zeit, als die Versuche mit dem Verbrennungsmotor und dem Dampfantrieb bekannt wurden – häuften sich entsprechende Experimente in vielen Ländern. Sehen wir von den Schienenfahrzeugen (Straßenbahn) ab, so konzentrierten sich die Versuche zunächst auf leichtere Fahrzeuge. 1881 baute der Franzose Raffard ein Dreirad, 1885 konstruierte der britische Ingenieur Magnus Volk ein elektrisch betriebenes Dogcart-Fahrzeug, 1887 erzielten Sartia und Mousette mit einer Viktoriakalesche gewisse Erfolge. Die eigentliche Schwierigkeit bestand in der begrenzten Speicher- und damit Leistungsfähigkeit der Akkumulatoren. Sie waren sehr schwer, erhöhten die Eigenmasse des Fahrzeugs und mußten zu häufig nachgeladen werden. In den neunziger Jahren wog beispielsweise der in Paris schon häufig anzutreffende elektrische Fiaker der Bauart Kriéger 1130 kp. Er konnte 5 Personen bei einer Geschwindigkeit von 22 km/h über 80 km befördern – dann waren die Batterien leer.

Die unbefriedigende Speicherleistung der Batterien legte den Gedanken nahe, Möglichkeiten zur Erzeugung des Stromes im Fahrzeug selbst zu finden. Eine davon wurde der sogenannte Mixtantrieb. Ein Verbrennungsmotor trieb einen Generator an, dessen Gleichstrom – über Batterien geleitet – Elektromotoren in Gang setzte, die in den Wagenrädern untergebracht waren. Diese Bauart erwies sich als ausgesprochen zählebig und fand noch nach Jahrzehnten für bestimmte Aufgaben Verwendung. Ihre Nachteile bestanden darin, daß praktisch zwei Antriebssysteme gebraucht wurden und daß man auf den für Stadtfahrzeuge erhofften Hauptvorteil, die hohe Geräuscharmut, verzichten mußte.

Wie die Dampfmaschine, so hat auch der Elektroantrieb einzelne Fahrzeugbauer zu Rekordfahrten inspiriert. Der Franzose Chasseloup-Laubat erzielte am 18. Dezember 1898 auf einer Landstraße bei Paris für den fliegenden Kilometer 63,15 km/h. Im Jahr darauf übertraf ihn der Belgier Camille Jenatzy, der später ein weltberühmter Rennfahrer wurde, mit seinem Elektromobil um 3,4 km/h. Wenig später schaffte er sogar 105,88 km/h für die gleiche Distanz.

Die Vorteile des Elektroantriebs bestanden außer in seiner Geräuschlosigkeit und seinem abgasfreien Lauf vor allem in der hohen Belastbarkeit, in der einfachen Bedienbarkeit und im verhältnismäßig billigen »Kraftstoff« (Elektroenergie).

Sie kamen nicht nur bei den Rekordfahrten, sondern auch in der zunehmenden Verbreitung des Elektroantriebs bei Fahrzeugen des täglichen Gebrauchs zum Ausdruck. In den Großstädten bestand um die Jahrhundertwende ein großer Teil der Kraftdroschken aus Elektrofahrzeugen. Die Wagen wurden an regional verteilten Batterieaufladestationen, in denen auch Wechselbatterien stationiert waren, über Nacht geladen.

In Deutschland leistete auch die Reichspost- und Telegrafenverwaltung Pionierdienste bei der Durchsetzung des Elektroantriebs. Seit der Jahrhundertwende stellte sie Elektromobile für den Stadtdienst – besonders für den Verkehr zwischen den Postämtern und im Zustelldienst – ein. Das ist auch später über Jahrzehnte hinweg so geblieben.

Der größte Nachteil des Elektroantriebs bestand darin, daß er teuer in der Herstellung war. Sowohl der Elektromotor mit dem Fahrschalter als auch die Batterie, die nach einer bestimmten Nutzungsdauer nicht mehr verwendet werden konnte, gestalteten Anschaffung und Unterhaltung einzelner Elektrofahrzeuge zu kostspielig. Hinzu kam, daß der Markt für diese Fahrzeuge relativ begrenzt blieb. In erster Linie interessierten sich dafür Abnehmer, die für solche Fahrzeuge ausschließlich Verwendung im Nahverkehrsbereich hatten. Bei »unbegrenztem« Einsatz eines Fahrzeugs, wie er von den meisten Käufern gefordert wurde, fiel sofort der geringe Aktionsradius und die erforderliche Kraftstation negativ ins Gewicht. Außerdem machten die Bleibatterien das Fahrzeug unnötig schwer; sie sorgten für einen zu hohen Anteil der nicht nutzbaren Eigenmasse an dem Gesamtgewicht des Fahrzeugs.

So ist es denn nicht verwunderlich, daß sich auch der Elektroantrieb um diese Zeit trotz unbestreitbarer Vorzüge nicht gegen den Verbrennungsmotor im Fahrzeugantrieb durchsetzen konnte. Das Bessere ist der Feind des Guten – dieses Prinzip wurde auch hier wieder bestätigt.

Wie Dampfmaschine und Elektromotor verdankt auch der Verbrennungsmotor seine wesentlichen Entwicklungsimpulse mehr der industriellen Produktion als dem Transportwesen. Wie die ersten beiden Energiequellen erwies er aber bald seine Eignung für den Fahrzeugantrieb. Darüber hinaus aber besaß er noch einige Vorteile. Dazu gehörten der geringere Anteil des Antriebs an Raum und Masse des Fahrzeugs, die leichtere Aufbereitung des Kraftstoff-Luft-Gemischs, der größere Aktionsradius und – was vielleicht von ausschlaggebender Bedeutung war – die Möglichkeit, höhere Leistung auf geringeres

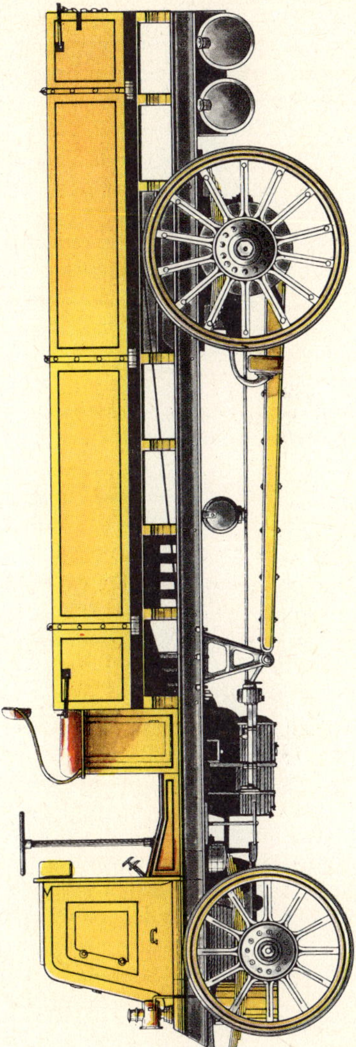

Marienfelder Lastwagen 1901

Bauvolumen zu konzentrieren. All das war nicht von Anfang an klar. Es dauerte Jahre, bis man dahinter gekommen war.

Im Grunde genommen tasteten sich die Konstrukteure auf Wegen nach vorn, die durch Erfahrung gesichert schienen. Von einer wissenschaftlichen Erkenntnis über die theoretisch optimale Arbeitsweise des Verbrennungsmotors ging keiner von ihnen aus. Das tat zuerst Diesel über ein Jahrzehnt später, als er seinen – für den Fahrzeugbetrieb weder gedachten noch geeigneten – Motor entwikkelte. Zunächst jedoch hielt man sich an das, was sich im Bau stationärer Motoren bewährt hatte. Man versuchte, es für die Fahrzeugmotoren zu übernehmen, was jedoch sehr bald auf empfindliche Hindernisse stieß.

Ausgangspunkt der Entwicklung war der im Viertaktverfahren arbeitende Ottosche Verbrennungsmotor, dessen Arbeitsprinzip von den einen einfach übernommen, von den anderen aber zu umgehen versucht wurde, um Patentgebühren zu sparen. So entstanden Sechstaktmotoren, die beim 5. Arbeitstakt reine Luft ansaugten und diese beim 6. Arbeitstakt wieder ausstießen.

Viel weiter verbreitet waren aber Versuche mit Zweitaktmotoren. Theoretisch mußte diese Lösung sogar besser sein als das Ottosche Prinzip. Denn während beim Viertaktmotor auf einen Arbeitstakt drei Leertakte (Ansaugen, Verdichten, Ausstoßen) entfielen, war es beim Zweitaktmotor nur einer. Bei gleicher Kurbelwellendrehzahl ließ das rechnerisch die doppelte Leistung erwarten. Auf diese Weise gab es sogar einen echten Anreiz, dieses offenbar leistungsfähigere Arbeitsverfahren zu entwickeln.

Allerdings stieß man dabei auf erhebliche Schwierigkeiten. Als wunder Punkt erwies sich von Anfang an das Problem, die verbrannten Gase ohne besonderen Auspufftakt aus dem Zylinder zu bekommen, ohne dabei zu viel des einströmenden Frischgases gleich wieder mit hinaus zu befördern und damit den Motor zu unwirtschaftlich werden zu lassen. Im Grunde gab es drei Möglichkeiten, diesen sogenannten Spülvorgang zu meistern: die verbrannten Gase mit Hilfe des Arbeitskolbens auszutreiben, sie durch eine Hilfspumpe abzusaugen oder sie mit

Hilfe der frischen Ladung auszuspülen. Wollte man auf eine komplizierte Zusatzapparatur verzichten, so kam praktisch nur die dritte Möglichkeit in Frage. Hierbei erreichte man außerdem einen weiteren Vorteil gegenüber dem Viertaktmotor, nämlich größere Unkompliziertheit in der Ausführung.

Die meisten Konstrukteure bauten ihre Motoren allerdings ganz nach den Vorstellungen vom Viertaktmotor. Sie verzichteten auf die ventillose Bauweise und mitunter auch völlig auf die Zylinderausspülung. Auch Carl Benz, der 1884 seinen nach dem Zweitaktverfahren arbeitenden Motor entwickelt hatte, machte hierbei keine Ausnahme.

So entpuppte sich die Entwicklung des Zweitakters von Anfang an als ein Kampf um die Lösung der Spülungsprobleme, den die Motorenbauer in den ersten Jahrzehnten eindeutig verloren. Die meisten von ihnen wandten sich nach dem Scheitern ihrer Versuche und dem Fall des Ottoschen Viertaktpatentes der Entwicklung dieses offenbar doch etwas unkomplizierteren Motors zu. Aber wenn der Viertaktmotor schon auf Grund seiner technisch exakt gesteuerten vier Arbeitsspiele die besseren Entwicklungsmöglichkeiten bot, stand man doch auch hier noch völlig am Anfang.

Der erste von Daimler und Maybach geschaffene und 1885 patentierte schnellaufende Fahrzeugmotor hatte eine Leistung von 0,5 PS, die aus einem Zylinder mit etwa 250 cm^3 Hubraum kam. Auch die Leistung des ersten Benzmotors war nicht sehr viel höher. Aber immerhin genügte sie, um die Fahrzeuge in Bewegung zu setzen. Nachdem das gelungen war, kam es naturgemäß darauf an, die Leistung des Motors und damit des Fahrzeugs zu steigern, denn erst dann wurde ja wirklich ein Kraftfahrzeug mit entsprechenden Fahrleistungen daraus.

Diese Leistungssteigerung wurde durch die nunmehr erreichbare Höchstgeschwindigkeit offensichtlich. Die Dynamik in der Entwicklung sprengte alle Grenzen, vor allem aber jene, die für die Sicherheit der Fahrzeugbenutzer zutrafen. Man konnte sehr bald sehr viel schneller fahren, als es das Fahrwerk und vor allem die Bremsen vertrugen. So erklärt es sich, daß die ersten gesetzlichen

Verordnungen auf diesem Gebiet weniger fördernden als vielmehr hemmenden Charakter trugen. Außer den recht spektakulären Erfolg, daß die Höchstgeschwindigkeit wuchs, entdeckte man mit zunehmender Leistung aber auch sehr erfreuliche Nebenwirkungen: Die Motoren wurden geräuscharmer und zeigten eine sehr viel bessere Laufcharakteristik.

Die Leistungssteigerung vollzog sich im wesentlichen auf drei Wegen:
1. durch Steigerung der Drehzahl,
2. durch Vergrößerung des Hubraumes und
3. durch Vermehrung der Zylinder.

In erster Linie konzentrierten sich die Konstrukteure auf eine höhere Drehzahl der Kurbelwelle. Der erste Fahrzeugmotor von Daimler und Maybach hatte maximal 900 U/min erreicht. 20 Jahre später war man etwa bei 1200 U/min. 1914 war die Drehzahl im Durchschnitt auf etwa 1500 U/min, in Spitzenwerten auf 1800 bis 2000 U/min angestiegen. Als ein Hauptproblem erwies sich dabei die Zündung. Außerdem waren mehrere Schwierigkeiten zu überwinden, die sich oberhalb 900 U/min sehr empfindlich bemerkbar machten. Das galt besonders für die sich dann verschlechternde Zylinderfüllung. Gleichzeitig mußten der Massenausgleich verbessert und die mit der Drehzahl steigenden mechanischen Verluste verringert werden.

Natürlich lag der Gedanke sehr nahe, den Füllungsgrad der Zylinder zu verbessern. Sollte aber mehr Kraftstoff-Luft-Gemisch in den Zylinder, mußte die Steuerung des Ladevorgangs verändert werden. Man verwendete damals sogenannte automatische Einlaßventile, d.h., sie wurden durch den beim Ansaugen entstehenden Unterdruck gegen die Wirkung einer Schließfeder geöffnet und schlossen sich demzufolge von selbst, wenn der Kolben den unteren Totpunkt erreicht hatte und den Verdichtungstakt begann. Dieses Prinzip war sehr einfach, weil man kein zusätzliches Steuerorgan brauchte. Es hatte aber den Nachteil, daß sich die Einlaßventile erst relativ spät öffneten. Wollte man aber eine bessere Zylinderfüllung, brauchte man gerade für den Einlaß mehr Zeit. So ging man dazu über, auch die Einlaßventile zwangsweise über eine Nockenwelle zu steuern, was entsprechend

Renault-Rennwagen 2-Zyl. 30 PS 1902

längere Öffnungszeiten erlaubte und durch den mit mehr Gemisch gefüllten Zylinder zu höherer Drehzahl und damit größerer Leistung verhalf. Ab 1905 wurden Motoren mit automatischen Einlaß- oder auch sogenannten Schnüffelventilen kaum noch gebaut. Allerdings soll nicht übersehen werden, daß damit noch lange nicht alle Reserven erschöpft waren, denn noch immer begannen sich die Ventile ziemlich spät zu öffnen: 15° bis 20° nach dem oberen Totpunkt war die Regel. Spitzenwerte erreichten die De Dion-Bouton-Motoren, deren Einlaßzeitpunkt mit 5° Verzögerung bzw. sogar genau im oberen Totpunkt begann.

Diese Experimente waren im Grunde genommen reine Bastelei – man probierte, was möglich war und was nicht. Nur wenige Konstrukteure machten sich an eine genauere Untersuchung der Gaswechselvorgänge und entdeckten dabei, daß sogar das Öffnen vor dem oberen Totpunkt möglich, ja mit wachsenden Drehzahlen sogar nötig wurde. Mit anderen Worten – noch während die verbrannten Gase ausgestoßen wurden, konnten bereits frische in den Zylinder strömen! Allerdings erforderte das eine sehr durchdacht gestaltete Brennraumform, um zu vermeiden, daß frische Gase wieder mit hinausgerissen wurden bzw. die heißen, verbrannten Gase das frische Gemisch bereits beim Einströmen entzündeten mit der Gefahr des Vergaserbrandes. Bis 1914 waren es eigentlich nur Rennwagen, so z.B. die von Ettore Bugatti, die ein solches Ventilsteuerdiagramm aufwiesen.

Gleichzeitig mit diesen Bemühungen um höhere Drehzahlen hatte man sich auch dem noch näherliegenden Gedanken zugewandt, die erwünschte größere Leistung aus entsprechend vergrößerten Zylinderhubräumen zu erreichen. Zuerst spielte dabei auch das am Anfang einer bestimmten technischen Entwicklung häufig und mit Recht anzutreffende Entwicklungsprinzip »Viel hilft viel« eine große Rolle. Die ersten Triebwerke schöpften ihre – allerdings meist recht geringe – Kraft aus Hubräumen bis zu 1 Liter. Ihre PS-starken Nachfolger verdankten die respektablen Leistungswerte hingegen sehr viel kräftigeren Dimensionen: Hubräume von 8 bis 10 Litern bei einer Leistung von 60 bis 80 PS waren keine Seltenheit.

Natürlich spürte man bald die Grenzen dieser so einfach zu handhabenden extensiven Erweiterung. Immer größer werdende Zylinder brauchten logischerweise immer schwerere Kolben, Pleuel und Kurbelwellen, die bewegt werden mußten und bei gerade noch vertretbaren Verschleißerscheinungen Drehzahlen bis zu 1200 U/min aushielten – oder andernfalls auseinanderflogen. Man wußte auch, daß man die gleiche, hohe Leistung aus kleineren Zylindern mit viel geringeren zu bewegenden Massen hätte haben können, wenn man den Grad der Verdichtung angehoben hätte. Aber leider ging das nicht. Man verwendete nämlich Benzin mit einer sehr niedrigen Oktanzahl (um 40), das eine außerordentlich geringe Klopffestigkeit aufwies. Die Hauptanforderung an den Kraftstoff galt damals seiner leichten Verdampfbarkeit. Man richtete sich nach der Faustregel, daß ein Tropfen Benzin, der aus Kopfhöhe fallen gelassen wird, vor Erreichen des Erdbodens verdunstet sein muß. Diese hohe Flüchtigkeit wurde gebraucht, um damit den meist nicht sehr startfreudigen Motoren das Anspringen zu erleichtern und um die ausgeprägte Primitivität der Vergaserkonstruktionen zu kompensieren. So bestanden die anfangs noch ausschließlich verwendeten Oberflächenvergaser aus einem etwa 25 cm hohen und breiten Gefäß, durch dessen doppelten Boden die Auspuffgase geleitet wurden, um den Kraftstoff zu erwärmen. Das daraufhin »vergasende« Benzin strich durch einen handregulierten Mischhahn, wo es mit Luft vermengt wurde, zum Motor. Das am besten zündfähige Gemisch zu finden war zuerst Glücks-, später Erfahrungssache! Auch die späteren Konstruktionen wie der Docht-, Spritzdüsen- und Bürstenvergaser besserten zwar die Sache etwas, stellten aber noch keine befriedigenden Lösungen dar. Verwendbar blieben sie überhaupt nur auf Grund der sehr leichten Verdampfbarkeit des Benzins. Diese aber setzte sehr niedrige Oktanzahlen voraus – was auf absehbare Zeit höhere Verdichtungsgrade verhinderte.

Bei den Experimenten, die auf diesem Gebiet durchgeführt wurden, konnten trotzdem sehr wertvolle Erkenntnisse gesammelt werden. Man entdeckte z. B., daß die verschiedenen Benzinsorten aus Erdölen verschiedenen

Ursprungs auch eine unterschiedliche Klopffestigkeit aufwiesen. Man stellte fest, daß die aromatischen Kohlenwasserstoffe und Alkohole eine besonders hohe Festigkeit besaßen und daß Möglichkeiten bestanden, mit ihrer Hilfe die Oktanzahlen wesentlich zu steigern. Durch praktische Untersuchungen erkannte man den positiven Einfluß, den die Wärmeleitfähigkeit des Kolbens und des Zylinderkopfes auf die Klopfneigung des Motors ausübte. Und schließlich befaßte man sich mit Versuchen, eine besonders günstige Form des Verbrennungsraumes zu erreichen.

Es hat viele Jahre gedauert, bis aus diesen einzelnen Erkenntnissen eine fundierte Theorie des Verbrennungsmotors entstand, die dann ihrerseits wieder in einer spürbaren Zunahme der Motorleistungen wirksam wurde. Zunächst tasteten sich die Konstrukteure auf dem Wege des praktischen Experiments voran. Sie nahmen dabei in Kauf, daß sie z. B. den Verdichtungsgrad zunächst über den Wert 4 hinaus nicht steigern konnten, und wählten andere Wege.

Nach der Hubraumvergrößerung wandte man sich der Vermehrung der Zylinderzahl zu. Die ersten Motoren waren Ein-, allenfalls Zweizylinder. Bereits vor der Jahrhundertwende gab es Experimente mit drei Zylindern (Panhard & Levassor, Lanchester). Nach 1900 war jedoch der Vierzylindermotor am meisten verbreitet. Die ersten Versuche mit Sechszylindertriebwerken fielen in die gleiche Zeit (Napier 1903), fanden aber in der Serienfertigung nur wenige Anhänger (z. B. Rolls Royce 1906).

Natürlich lag es sehr nahe, im Vierzylindermotor die beste Möglichkeit zur Verwirklichung des Viertakts zu sehen. In der Tat erzielte man hier ein sehr gleichförmiges Drehmoment, das den Motoren im Vergleich zu den Ein- bzw. Zweizylinderkonstruktionen einen sehr viel ruhigeren Lauf sicherte. Darüber hinaus konnte man – und das war nach den Erfahrungen mit den großvolumigen Zylindern erklärtes Ziel – die Abmessungen verringern. Man erhielt dadurch geringere Trägheitskräfte, weil die Masse der bewegten Teile und auch ihre Beschleunigung bei verkürztem Kolbenhub kleiner sein konnten. Nicht unerwähnt bleiben dürfen die besseren Starteigenschaften eines Mehrzylindermotors!

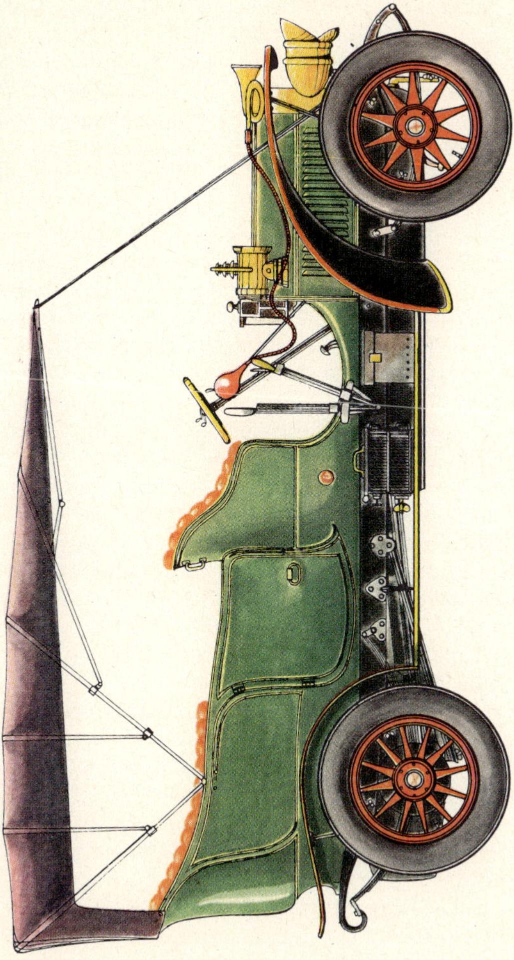

Dixi S 12 4-Zyl. 20 PS 1904

Dennoch wurden auch hier nicht alle Probleme auf einmal erkannt und gemeistert. So läßt sich bei einem Vierzylindermotor zwar ein ruhigerer Lauf erzielen, aber es ist nicht möglich, alle Trägheitskräfte auszugleichen. Das waren übrigens in der Hauptsache die Gründe dafür, sich versuchsweise den Sechszylinderkonstruktionen zuzuwenden. Nur wenige hatten Glück damit. – Nicht nur zunehmende technische Kompliziertheit, sondern vor allem auch enorm steigende Produktionskosten machten diese Konstruktionen sehr teuer.

Die meisten Motorenbauer blieben bis 1914 bei vier Zylindern. Dieser einst von Wilhelm Maybach gewiesene Weg wurde nach und nach von fast allen Konstrukteuren beschritten: Etwa ab 1903/04 gab es Ein- und Zweizylindermotoren nur noch für ganz leichte Fahrzeuge. Die meisten Autos wurden von Vierzylindermotoren angetrieben; je nach der Konstruktion verfügten sie über einen Hubraum von 1 bis 13 Liter.

Die hier in groben Zügen angedeutete Leistungssteigerung hatte nicht nur die Lösung bestimmter Grundprobleme, sondern auch sehr vieler Details erfordert. Die steigenden Drehzahlen waren eben nur möglich geworden, weil die Methoden der Kraftstoffzuführung und der Zündung beträchtlich verbessert worden waren. Man hatte erkannt, daß der Motor ein Kraftstoff-Luft-Gemisch im Verhältnis 1 : 15 bei allen Drehzahlen und Leistungen am besten verarbeitete, und war bestrebt, dieses Verhältnis durch eine automatische Regulierung zu garantieren. Hinzu kam im Interesse der Wirtschaftlichkeit, daß das Gemisch immer nur in dem Maße zugeführt werden sollte, wie es auch tatsächlich gebraucht wurde. Schließlich mußte die Gemischregulierung so erfolgen, daß jeder Drehzahlwechsel übergangslos mit genau dosierten Treibstoffmengen gesichert werden konnte. Solchen Ansprüchen genügten die Vergaserkonstruktionen etwa ab 1907.

Fast zur gleichen Zeit war auch die Zündung über die wesentlichsten Kinderkrankheiten hinaus. Etwa seit der Jahrhundertwende war die von Bosch entwickelte Niederspannungs-Abreißzündung schon weit verbreitet. Sie war der bis dahin am meisten verwendeten Glührohrzündung weit überlegen, hatte aber noch den Nachteil, daß der elektrische Funke nicht nur von niederer Spannung, sondern auch von geringer Temperatur war. Eine möglichst vollständige Gemischverbrennung ließ sich nur mit einer relativ großen Frühzündung erreichen. Sehr schmerzhafte Erfahrungen damit machten jene Automobilisten, die sich beim Anwerfen des Motors den Arm brachen, weil infolge der zu früh einsetzenden Zündung die Andrehkurbel zurückschlug. Robert Bosch konstruierte 1906 seinen ersten Hochspannungsmagneten (6000 V), dessen heißer Funke für beste Verbrennung des Gemischs auch bei späterem Zündzeitpunkt, für höhere Drehzahl und mehr Leistung sorgte.

Sehr eindrucksvoll widerspiegelt die Tabelle auf den Seiten 36/37 den Weg der Leistungsentwicklung bei den Automobilmotoren bis 1914.

Es ist klar zu erkennen, daß bereits in den ersten Jahren des neuen Jahrhunderts fast nur noch der Bau von Vierzylindermotoren auf der Tagesordnung stand. Die steigende Leistung wurde zunächst aus immer größer dimensionierten Hubräumen gewonnen, wobei Spitzenwerte von über 2 l je Zylinder keine Seltenheit waren. Obwohl dabei sehr beachtliche Leistungen erzielt wurden, blieb die Hubraumleistung (PS/Liter) relativ gering. Dieser qualitative Kennwert stieg erst, als etwa ab 1908 auch die Drehzahlen auf 1300 bis 1400 U/min, ja bis 1914 sogar auf 2000 U/min anwuchsen. Gleichzeitig fällt auf, daß die höhere Hubraumleistung aus durchweg kleineren Motoren gewonnen wurde.

Im harten Kampf zwischen den immer zahlreicher werdenden Unternehmen der sich allmählich formierenden Kraftfahrzeugindustrie übertrafen sich die Konkurrenten im Angebot von immer neuen, immer leistungsstärkeren, immer eleganteren und immer luxuriöseren Automobilen. Entsprechend stiegen die Preise und sanken die Käuferzahlen.

Die Krise von 1907/08 hatte für die meisten Unternehmen ein böses Erwachen gebracht und sie gezwungen, billigere und damit kleinere Wagen auf den Markt zu bringen. Da es sich hierbei nach außen nicht um »Kleinwagen«, sondern um »richtige« Autos handeln sollte, beschritt man meist den Weg, die im Programm befindlichen großen Auto-

Leistungsentwicklung von PKW-Motoren bis 1914

Marke	Jahr	Typ	Zylinder-zahl	PS bei
Adler	1900	Vis-a-vis	1	3,5
Adler	1904	24/28	4	28
Adler	1908	40/50	4	50
Adler	1910	K 7/15	4	15
Adler	1914	15/40	4	45
Daimler	1889	Stahlrad	2	1,5
Daimler	1899	Phönix	4	28
Daimler	1900	Mercedes	4	35
Daimler	1902	Simplex	4	44
Daimler	1903	Simpex	4	70
Daimler	1908	Kettenwagen	4	45
Daimler	1910	6/14	4	15
Daimler	1913	8/22	4	22
Dixi	1899	Wartburg	2	4
Dixi	1904	Dixi S	4	20
Dixi	1908	U/35	4	60
Dixi	1911	R 8	4	14
Dixi	1912	R 8/21	4	21
Horch	1904	18-22	4	22
Horch	1905	35-40	4	40
Horch	1910	10/30	4	30
Horch	1914	18/50	4	55
NAG	1904	B	4	24
NAG	1907	AC 4	4	18
NAG	1911	K 2	4	18
NAG	1914	K 4	4	30

mobile einfach maßstäblich zu verkleinern. Die dafür verwendeten Motoren mußten jedoch aus kleineren Hubräumen wenigstens so viel Leistung bringen, daß das Automobil damit zu erträglichen Fahrleistungen kam.

Am Ende des 3. Jahrzehnts nach seiner »Geburt« war das Kraftfahrzeug mit Verbrennungsmotor einen bedeutenden Schritt nach vorn gelangt. Die Alternativen mit Elektro- und Dampfantrieb waren auf der Strecke ge-

U/min	Hub-raum	l/Zyl.	PS/Zyl.	PS/l
1500	0,4	0,4	3,5	8,5
1300	4	1	7	7
1400	7,4	1,85	12	6,5
1400	1,8	0,45	3,9	8
1800	3,9	0,9	11	12
600	0,6	0,3	0,7	2,5
800	5,5	1,4	7	5
1000	5,9	1,5	8,5	6
1300	6,8	1,7	11	6
1200	9,2	2,3	17,5	7,5
1200	6,8	1,7	11	6,5
1800	1,6	0,4	4	10
2000	2	0,5	5,5	11
1200	0,5	0,25	2	8
1200	3,4	0,85	5	6,5
1100	6,8	1,7	10	5,1
1600	1,6	0,4	3,5	9
1800	2	0,5	5,2	10,5
1400	2,7	0,7	5,5	8
1400	5,8	1,45	10	6,5
1600	2,6	0,65	7,5	9
1800	4,7	1,2	14	12
1000	5,2	1,3	6	4,5
1200	2,4	0,6	4,5	7,5
2100	1,6	0,4	4,5	11
1900	2,6	0,65	7,5	9

blieben, da ihre grundsätzlichen Mängel nicht zu beheben waren. Selbst heute, Jahrzehnte später, gelten die Entwicklungsprobleme dieser Antriebe trotz ungleich größerer Möglichkeiten wissenschaftlicher Forschung noch als ungelöst, obwohl sie aktueller als damals sind.

Die Überlegenheit des Verbrennungsmotors im Kraftfahrzeug bestätigte sich in diesen 30 Jahren dadurch, daß mit ihm recht hohe Leistungen und ein großes Leistungsspektrum erreicht worden waren. Sie erwies sich vor allem auch durch die Tatsache, daß diese Leistungen mit verhältnismäßig einfachen Methoden erzielt werden konnten. Der technische Fortschritt ließ beim Automobilbau Gewinnspekulationen auch für kleine Unternehmen zunächst berechtigt erscheinen, während z. B. beim Kultivieren des Elektroantriebs auch größere Firmen nach erfolglosen Experimenten die Entwicklungsarbeiten aufgeben mußten.

Damit war gleichzeitig die Orientierung für die nächsten Jahrzehnte vorgegeben, auch wenn die bisher erreichten Ergebnisse allererste Anfänge darstellten – gemessen an den Möglichkeiten, die in der ferneren Entwicklung des Verbrennungsmotors noch verborgen lagen.

Rollen, Lenken und Bremsen

Eigentlich war es nur natürlich, daß mehr Leistung in erster Linie von verbesserten Motoren erwartet wurde und die Automobilbauer sich darauf konzentrierten. Dabei profitierten sie aber auch in starkem Maße von Erkenntnissen anderer. Seit den siebziger Jahren stand der Motorenbau in hoher Blüte; viele, vor allem aber die größeren Firmen, hatten eigene Labors und Versuchs- bzw. Prüfstände errichtet. Sie hielten ihre Ergebnisse zwar geheim, aber sie brachten ja die verbesserten Antriebsaggregate auf den Markt, wo sie jedermann offenbar wurden. Auch Universitäten und Hochschulen hatten sich der Forschung auf dem Gebiet des stationären Motorenbaus zugewandt und veröffentlichten ihre ersten Erfahrungen. Die Aufmerksamkeit galt besonders einem besseren Verbrennungsvorgang, der Brennraumgestaltung usw. Wie gesagt – die Automobilbauer beachteten diese Neuerungen. Sie stellten aber auch selbst Versuche an. Die Ergebnisse konnten sich sehen lassen – die Leistung der Motoren stieg weiter spürbar an.

Soweit – so gut. Aber es gab allmählich Schwierigkeiten – auf einem Gebiete, auf dem niemand half, nämlich im Fahrwerksbau.

Daimler und Maybach hatten ihre Motoren einfach in einer Kutsche untergebracht. Die ersten Fahrzeuge von Panhard & Levassor, Peugeot und De Dion-Bouton glichen haargenau ihren muskelkraftgetriebenen Schwestern. Man bewegte sich damit ebenso gemütlich und unternahm – von aufsehenerregenden Ausnahmen abgesehen – keine Fernfahrten, sondern blieb in der Stadt und ihrer Umgebung. Schließlich fuhr man nicht, um etwas zu sehen, sondern um gesehen zu werden. Der Motor tuckerte irgendwo im oder am Wagen gemächlich vor sich hin.

Mit der Gemütlichkeit war es aber bald vorbei – als nicht mehr nur 1 oder 2, sondern 8, 10 oder gar 20 PS das Gefährt in Bewegung setzten. Als erstes »streikte« die Kraftübertragung – der Riemen rutschte und riß immer häufiger. Die ungefüge Lenkgeometrie und die unmögliche Masseverteilung (Motor und Fahrgäste saßen meist um die Hinterachse gruppiert) verliehen dem Ausgang der Fahrt etwas Ungewisses. Auch die zierlichen Klotzbremsen vor den beiden Hinterrädern vermochten nicht, das Sicherheitsgefühl der Passagiere wesentlich zu steigern, die oben auf dem schwankenden Fahrgestell saßen. Es war schon bald klar, daß eine höhere Motorleistung allein nichts nützte, wenn das Fahrzeug ihr nicht entsprach. Und so ging man gezwungenermaßen daran, das »richtige« Automobil zu entwickeln und Vorstellungen zu verwirklichen, die nicht mehr ausschließlich von der Pferdekutsche geprägt waren, sondern ein ganz neues Fahrzeug zum Ziel hatten.

Zunächst wanderte der Motor aus Gründen des »Gleichgewichts« nach vorn und belastete jetzt die gelenkte Vorderachse, was sofort zu einer besseren Straßenlage führte. Seine Kraft mußte über eine Kupplung zum Getriebe übertragen werden. Von dort gelangte sie über das Differential und Ketten bzw. Wellen auf die Hinterräder.

Mit Hilfe der Kupplung mußte der laufende Motor von den übrigen Teilen der Kraftübertragung getrennt werden können. Die bis dahin bekannten Kupplungen waren meistens nicht verwendbar, weil man mit ihnen nicht anfahren konnte. Dazu brauchte man eine Reibungskupplung, und diese gab es bisher in der Gestalt der Konuskupplung nur im Mühlenbau. Natürlich wurden auch andere Versuche angestellt. Sogenannte Federband-, Metall- oder Bremsbandkupplungen tauchten hier und da auf. Allerdings erwiesen sie sich wegen ihrer zu großen Empfindlichkeit oder des hohen Instandhaltungsaufwandes als für den Fahrzeugbetrieb nicht geeignet.

Etwa um 1907/08 hatte sich die Konuskupplung als beste Variante durchgesetzt. Der Belag bestand meist aus Leder, das mit Fischtran imprägniert werden mußte. Es

Armstrong Siddely 1-Zyl. 6 PS 1904

war aufgerauht und erlaubte so eine elastische Reibwirkung der Kupplung an der laufenden Motorschwungscheibe, wodurch ein relativ weiches Anfahren möglich wurde. Für heutige Begriffe war es aber immer noch sprunghaft.

Der Lederbelag glättete sich von Zeit zu Zeit, so daß die Kupplung ins Rutschen kam und daher ihrer Funktion nur noch unvollkommen gerecht wurde. Bei schweren Fahrzeugen war Abhilfe gegenüber dieser Abnutzungserscheinung einfach: Eine Schaufel voll Sand, die über den streikenden Belag geschüttet wurde, stellte im Handumdrehen die gewünschte Aufrauhung wieder her. Übertroffen wurde die Lederkonuskupplung von der durch Fiat 1907 erstmals herausgebrachten Stahllamellenkupplung, die im Ölbad lief und ein sehr viel weicheres Anfahren und auch höhere Belastungen, z. B. bei Bergfahrten, erlaubte.

Die im Motor erzeugte Kraft mußte durch ein Getriebe den unterschiedlichen Belastungsverhältnissen angepaßt werden. Diese heute selbstverständliche Forderung bereitete damals schon deshalb Schwierigkeiten, weil die Konstrukteure es für unmöglich hielten, zwei Zahnräder während des Laufens miteinander in Eingriff zu bringen. Nach praktischen Versuchen stellten sich mit Zweiganggetrieben erste Erfolge ein. Nun befaßte man sich im Automobilbau auch mit den Problemen der Umfangs- und Winkelgeschwindigkeit der Zahnräder, der Schubkräfte und vor allem der Festigkeit des Materials, das im Getriebebau verwendet wurde. Der Einsatz hochwertiger Stahlsorten, die nach entsprechender Spezialbearbeitung für Getriebezahnräder verwendet wurden, schuf nicht nur die Möglichkeit, leistungsfähige Mehrganggetriebe zu konstruieren, sondern verlieh ihnen auch eine befriedigende Lebensdauer.

Es soll nicht übersehen werden, daß der Kraftfahrzeuggetriebebau außerordentlich befruchtend auf die Werkzeugmaschinenindustrie (Frästechnik) wirkte.

Die ersten Mehrganggetriebe enthielten noch große, gewichtige Zahnräder und liefen auf Gleitlagern. Bereits hier mußten also die ersten PS der Motorleistung den Reibungswiderständen geopfert werden. Ab 1904 ver-

Dürkopp 4-Zyl. 13 PS 1914

wendete man aber Kugellager und erreichte damit eine erhebliche Verbesserung. Die Schaltung der Gänge erfolgte über eine Welle, an deren Ende ein gewaltig dimensionierter Hebel saß, der rechts aus dem Fahrzeug herausragte. Er war neben der ebenfalls dort angebrachten Handbremse charakteristisches Merkmal der Automobile vor dem ersten Weltkrieg. Um eine möglichst exakte Schaltung zu gewährleisten, war der Hebel in einer entsprechend geformten Kulisse geführt, woraus sich die Bezeichnung »Kulissenschaltung« erklärt.

Bei den allerersten und sehr leichten Automobilen hatte es häufig genügt, wenn nur ein Hinterrad angetrieben wurde. Mit zunehmender Motorleistung und auch im Interesse ihrer besseren Ausnutzung mußten beide Hinterräder dem Wagen voranhelfen. Damit wurde das Differentialgetriebe nötig, das bekanntlich den Ausgleich im Kurvenlauf sichert. Der Einfachheit halber brachte man dieses Differential zusammen mit dem Schaltgetriebe meist in einem Gehäuse unter. Das bedeutete aber – wollte man einen gesunden Kompromiß erzielen (das Differential mußte möglichst nahe bei den Hinterrädern, das Getriebe weit vorn am Motor sein) – die Verlagerung dieses »kombinierten« Aggregats etwa in die Wagenmitte, was freilich wieder den Nachteil sehr langer Schaltwege für das Getriebe mit sich brachte. Im Interesse einer Gewichtsverminderung und eines verringerten Bauaufwandes wurde bei kleineren Wagen hin und wieder der Reibradantrieb verwendet. Dabei entfielen Kupplung und Getriebe, und die Kraft wurde von der Schwungscheibe des Motors auf eine Reibscheibe übertragen. Unter Ausnutzung der Zentrifugalkraft wanderte der Übertragungspunkt immer mehr zur Peripherie des sich drehenden Rades. Mit zunehmender Drehzahl wuchs die Geschwindigkeit also stufenlos, ohne daß Zugkraftunterbrechungen wie beim Schaltgetriebe erforderlich gewesen wären. Diese Antriebsart war demnach sehr einfach, besaß aber den großen Nachteil, daß der Belag der Reibräder sehr hohen Abnutzungserscheinungen unterlag. Die sehr leichte Konstruktion konnte außerdem auf die Dauer den großen Axialschub auf die Kurbelwelle nicht ohne nachteilige Folgen verkraften.

Nachdem sich bereits vor der Jahrhundertwende die

Kraftübertragung auf die Hinterachse mit Hilfe eines Treibriemens wegen der damit verbundenen Nachteile des Rutschens und Längens des Riemens für Geschwindigkeiten oberhalb 20 km/h als unbrauchbar erwiesen hatte, gewann der Kettenantrieb zunehmend an Bedeutung. Beim Fahrrad hatte sich gezeigt, daß mit diesem Antrieb eine Kraftübertragung sehr zuverlässig und bei entsprechend starker Dimensionierung auch dauerhaft möglich war. Der Kettenantrieb war durchaus elastisch und konnte auch hohe Antriebskräfte übertragen. Allerdings mußte die Kette immer richtig gespannt sein, weshalb man sogenannte Kettenspanner vorsah, die gleichzeitig die Schubkräfte aufnahmen und auf den Rahmen übertrugen. Allerdings gab die offen laufende Kette zu vielen Betriebsstörungen Anlaß, deren häufigste außer im Überspringen vor allem in der Verschmutzung bestand. In einem Auto-

Kunstvoll gefertigter Radstern mit abnehmbarer Felge

mobilhandbuch aus dem Jahre 1906 heißt es über die Pflege dieses empfindlichen Kraftübertragungsteils:

»Die Antriebsketten sind nach jeder größeren Fahrt abzunehmen und in Petroleum von dem ihnen anhaftenden Straßenstaub zu reinigen. Es genügt nun dabei nicht, die Ketten einfach in Petroleum liegenzulassen, sondern sie müssen Glied für Glied gebogen werden, um den Schmutz aus den Gelenken selbst wirklich herauszubringen. Ist man sicher, die Ketten gründlich gereinigt zu haben, so wirft man sie in einen Topf mit warmem Öl, in welchem man sie ca. eine halbe Stunde beläßt. Nachdem man sie dann oberflächlich abgetrocknet hat, hängt man sie zweckmäßigerweise irgendwie an der Wand auf, um das noch überflüssige Öl ablaufen zu lassen ... es ist dies eine sehr unangenehme und schmutzige Arbeit ...« Kein Wunder also, daß sich der nahezu wartungsfreie Kardanantrieb verhältnismäßig rasch gegen die Kette durchsetzte. Allerdings konnte man mit ihm zunächst nur geringe Motorleistungen übertragen. Erst 1914 sah man ihn z. B. auch bei Rennwagen. Bei Lastwagen gar hielt sich der Kettenantrieb noch bis in die zwanziger Jahre. Das hing zweifellos auch damit zusammen, daß er billiger als der wartungsfreie Kardan war.

Je höher die Motorleistung, je besser die Kraftübertragung war, desto größer konnte auch das Fahrzeug werden. Größer bedeutete aber in jedem Falle auch schwerer. Der Aufbau stützte sich meist auf einen sehr solide gebauten Eisenrahmen, bei leichteren Fahrzeugen auf eine entsprechende Stahlrohrkonstruktion. Zunächst waren die Rahmen noch gerade und nicht gekröpft. An ihnen waren außer den Federn und den Trittbrettern die – fast ausschließlich starren – Achsen befestigt. Später nahm der Rahmen auch noch an seinem hinteren Ende den Benzinbehälter auf. An den Achsen saßen meist Holzspeichenräder, auf denen die Stahlfelgen festmontiert wurden. Bei den sehr häufigen Reifenpannen (Hufnägel gab es wie Sand am Meer) blieb dem geplagten Kraftfahrer nichts anderes übrig, als an Ort und Stelle den gesamten Reifen abzumontieren, den Schlauch zu ersetzen bzw. zu flicken und hernach wieder aufzuziehen. Da man seinerzeit Hochdruckreifen fuhr – die ungenügende Seitensteifigkeit der Reifen mußte

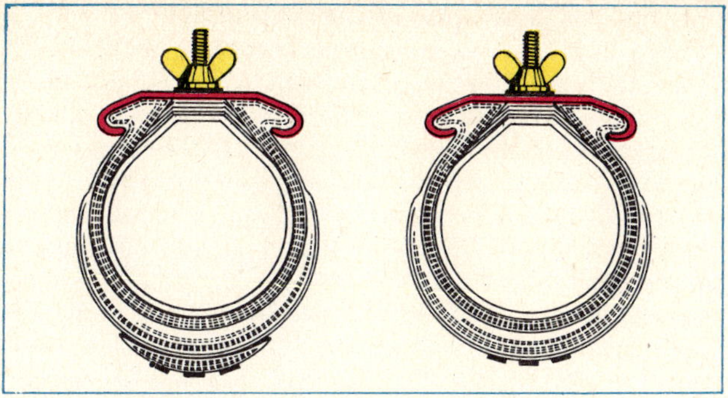

Antirutschmaßnahmen um 1905; aufvulkanisierte (rechts) und auf einem aufgezogenen Ledermantel (links) sitzende Stahlnieten

durch Druck ersetzt werden –, mußte dann der luftleere Reifen mittels einer Handluftpumpe auf 8 at gebracht werden. Eine schweißtreibende Arbeit! Abhilfe brachte hier die auswechselbare Felge, nachdem sie erstmals beim Grand Prix von Frankreich 1906 erfolgreich verwendet worden war. Eine oder zwei mit einem kompletten Reservereifen versehenen Felgen wurden im Automobil mitgeführt. Bei einer Panne half das wenigstens etwas.

Die Reifen selbst waren zunächst glatt und ohne jegliches Profil. Sehr bald bekamen die für die Vorderräder bestimmten Decken eine Mittelnut zur Führung bzw. ein flaches Profil. Die angetriebenen Hinterräder erhielten einen noppenförmigen Belag, der vor allem als Gleitschutz gedacht war. Die Laufleistung war relativ niedrig. Nach 8000 km war ein neuer Satz Reifen fällig. Interessanterweise befaßte man sich bereits damals mit dem Problem des Gleitschutzes bei glatter Fahrbahn. Aufvulkanisierte Stahlnieten galten als beliebtes Mittel für spursicheres Fahren bei vereister Straße. Sie waren allerdings nicht in die Decke selbst eingelassen (so wie heute die Spikes), sondern befanden sich auf einem entweder fest vulkanisierten oder auch abnehmbaren gesonderten Ledermantel, der auf den Reifen aufgezogen wurde.

Ein Fahrzeug ist nur so schnell, wie seine Bremsen es erlauben. Dies ist eine der frühesten Erfahrungen aus dem Automobilbau. Ursprünglich hatte man die von der Pferdekutsche übernommene Klotzbremse verwendet, die auch auf die gleiche Weise funktionierte: durch Anpressen eines mit Leder belegten Holzklotzes gegen das sich drehende Rad bis zum Stillstand. Mit dem Übergang auf Luftbereifung mußte man sich zwangsläufig etwas Besseres einfallen lassen – natürlich zwangen auch die zunehmenden Geschwindigkeiten dazu. Aus den allerersten Jahren sind Versuche bekannt, bei denen auf Bremstrommeln, die unmittelbar neben den Zahnrädern des Kettenantriebs befestigt waren, Stahlbandbremsen wirkten. Von Anfang an aber bremste man nur die beiden Hinterräder. Eine zusätzliche Bremse wirkte auf die Vorgelegewelle des Getriebes.

Über Jahrzehnte hinweg blieb es dabei: Radbremsen waren nur an den Hinterrädern vorgesehen. Sie wurden zunächst als Außenbackenbremsen ausgeführt, deren Nachteil starke Verschmutzung und Störanfälligkeit (wie z.B. durch Spritzwasser) waren. In der zweiten Hälfte des ersten Jahrzehnts unseres Jahrhunderts setzte sich daher die in die Hinterradtrommel eingebaute Innenbackenbremse durch. Im Jahre 1908 beschloß der Verkehrskongreß in Paris, daß künftighin jedes Kraftfahrzeug zwei unabhängig voneinander funktionierende Bremsen besitzen müsse. In der Praxis wurde die Bestimmung in der Weise befolgt, daß die über Hebel zu bedienende Handbremse auf die Hinterräder (gleichzeitig Feststellbremse), die über Pedal betätigte Fußbremse auf die Getriebehauptwelle, später auch auf die Kardanwelle wirkte. Damit war eigentlich – dem Prinzip nach – die ausreichende Bremsanordnung gefunden. Steigenden Anforderungen an die Bremsen (höhere Motorleistung, größere Geschwindigkeit) versuchte man entweder über eine Vergrößerung der Bremsfläche, aber auch schon durch bessere Kühlung der Bremsbacken zu genügen. Damit nicht die kompletten Bremsbacken ausgewechselt werden müssen, wurden ihnen zum Schutz gegen Verschleiß Beläge aufgenietet. Zuerst verwendete man weichen Grauguß, der zwar eine gute Bremswirkung besaß, aber auch großen Metallabrieb zeitigte. Schließlich erwiesen sich Asbest-Metall-Gewebe als die besten Bremsbeläge.

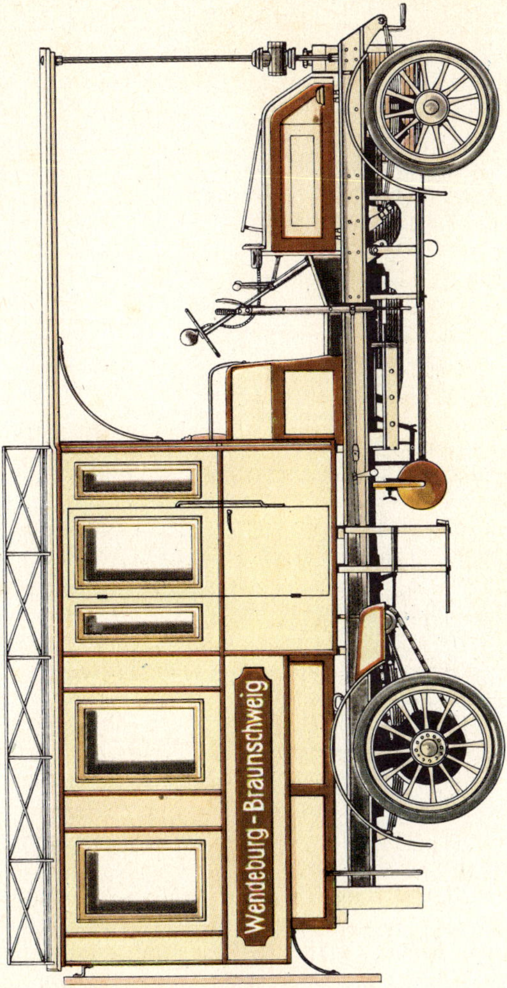

Büssing-Omnibus 4-Zyl. 20 PS 1904

Obwohl die ersten Kraftfahrzeuge noch recht behelfsmäßige Lösungen des Problems der Lenkung zeigten, gelangte man schon bald zur Variante der Achsschenkellenkung. So hatte Carl Benz bei seinem ersten Automobil vorn nur ein Rad angeordnet, weil er sich nicht darüber im klaren war, wie zwei parallel laufende Vorderräder fahrdynamisch richtig und in entsprechenden Radien gelenkt werden können. Die gleiche Unsicherheit zeigte Daimler, der beim Stahlradwagen zu der sehr originellen Lösung gelangte, beide Vorderräder nach dem Vorbild des Fahrrades in einzelnen Gabeln zu führen und starr zu verbinden, so daß sie zwangsläufig parallel laufend eingeschlagen wurden. Andere Konstrukteure verwendeten die aus dem Kutschenbau bekannte und technisch ausgereifte, allerdings sehr primitive Drehschemel-Lenkung. Bei diesen Wagen mußte das Fahrgestell so hoch angeordnet sein, daß die Vorderräder darunter durchgeschwenkt werden konnten. Bei zu starken Einschlägen ergab sich – entsprechend der Geschwindigkeit – mitunter ein erhebliches Kippmoment. Es war Carl Benz, der die an sich schon bekannte Achsschenkel-Lenkung zuerst an einem seiner Fahrzeuge verwendete. Bereits seit dieser Zeit sind die auch heute noch verwendeten Elemente einer Lenkung üblich, wie z. B. das Parallelogrammgestänge, Lenkhebel, -stange und -schenkel usw. Bereits um 1900 waren mittels Hebel betätigte Lenkungen nur noch Ausnahmen; die meisten Fahrzeuge hatten ein Lenkrad.

Insgesamt gesehen war das Kraftfahrzeug in den ersten Jahren nach der Jahrhundertwende gewissermaßen schon aus dem Gröbsten heraus. Allerdings war es auch noch lange nicht vollkommen. Alexander Spoerl hat einmal außerordentlich treffend geschildert, was unseren Ahnen bevorstand, wenn sie um 1900 eine Fahrt mit ihrem Patentwagen vorhatten:

»In die Remise wandern, das Auto betrachten, vor allem seine Reifen, die Luftpumpe holen und die Reifen durch zahlreiche Kniebeugen so weit aufpumpen, bis sie schön hart sind. Luftpumpe wegstellen.

Die Azetylenlampen säubern, das verbrauchte Karbidgeriesel auskippen, in den siebartigen Behälter mit trokkenen Fingern neue Karbidstückchen einlegen, Karbid-

Ford 6-Zyl. 40 PS 1906

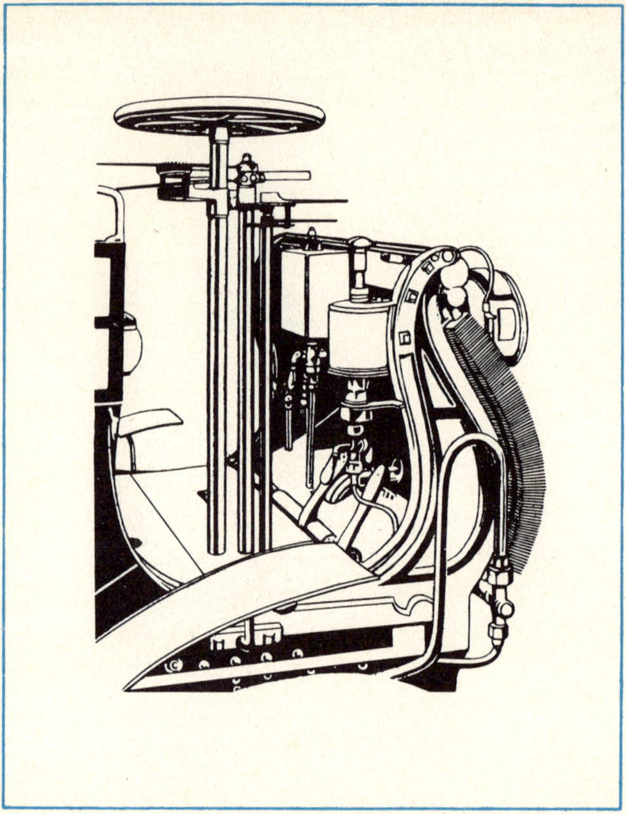

Neun Hebel und Pedale mußte der Fahrer dieses de Dietrich (1889) für Verschiebung des Antriebsriemens, Schaltung des Getriebes, automatische Aussetzerregulierung, Gemischzusammensetzung, Handöler, Brennstoffzufuhr für die Glührohrzündung und Bremsen betätigen

behälter in die Lampen setzen, Wasserbehälter der Lampe unter dem Wasserhahn vorsichtig auffüllen. Hähnchen aufdrehen, warten, bis es penetrant stinkt, mit Streichholz Lampen anzünden, am Hähnchen regulieren. In das bereits vorgeschriebene Hecklicht eine neue Kerze einsetzen und dazu die Nachdrückfeder vom heruntergetropften Kerzentalg reinigen. Auf gute Funktion prüfen.

Prophylaktisch mit einem Ölkännchen über die beiden Antriebsketten fahren und dabei immer kräftig drücken, bis alles wieder fettig glänzt. Ölkännchen wegstellen. Tankverschluß aufschrauben. Ein Stäbchen hineintauchen und feststellen, wieviel Benzin noch darin ist. Nötigenfalls aus einer großen Flasche Benzin nachfüllen. Flasche wegstellen.

Pelzmantel anziehen, Pelzhaube und Pelzhandschuhe, Autobrille um die Schläfen schnallen. – Den Seinen Lebewohl sagen. – Summer einschalten, aus seinem Ton hören, ob noch genügend Kraft in der Batterie steckt (sonst Batterie wechseln), Zündung auf ‚spät' stellen, Handgas auf ‚ein Viertel', Luftzufuhr zum Vergaser regulieren, alles nach Erfahrung, dann kräftig an der Andrehkurbel drehen, mit zurückgehaltenem Daumen, damit er nicht abgeschlagen wird. Nach langem, schweißtreibendem Bemühen beim ersten Puff Andrehkurbel fahrenlassen. Auf den Führersitz wetzen, Zündung auf ‚früh' stellen, Luftzufuhr etwas öffnen, Handgas etwas höher stellen. Wieder nach vorn wetzen und die Andrehkurbel mit einer Drahtschlinge oder einem Gummizug in Ruhestellung fixieren. Wieder auf den Führersitz setzen, die ersten Gasstöße mit dem Pedal versuchen, Zündung nachregulieren, Luftzufuhr zurückregulieren, vorsichtig einen Gang einlegen, einkuppeln, versuchen, aus der Remise ins Freie zu geraten. – Beim Abwürgen des Motors das alles noch einmal! –

Nach 1 km Fahrt die Ölpresse zu Füßen des Armaturenbrettes betätigen, damit Motor, Getriebe und Differential geschmiert laufen. Danach umgeschnallte Autobrille vor die Augen rücken, Schweiß von der Stirn wischen. Unterwegs evtl. aussteigen, die Azetylenlampen nachregulieren. Während weiterer Fahrt einige Male auf einen riesigen Gummiball drücken, damit das Auto einen auffällig warnenden Ton von sich gibt.

Evtl. unterwegs anhalten, weil eine Kerze aussetzt, Kerze auswechseln. Bei dieser Gelegenheit – je nach Autotyp – rutschende Riemen des Wechselgetriebes am Spanner nachstellen. Werkzeug wegpacken. Weiterfahren.«

Sicher änderte sich an diesem Verfahren einiges bereits kurz nach der Jahrhundertwende. Bei den meisten Automobilen blieb aber die Notwendigkeit bestehen, den Motor von Hand anzukurbeln. Erst 1913 tauchten die ersten elektrischen Starter auf. In einer »Fahrkunst« überschriebenen Anleitung aus dem Jahre 1906 hieß es: »Das Anwerfen des Motors geschieht, indem man die Andrehkurbel fest gegen den zum Mitnehmen der Motorkurbelwelle bestimmten Stift andrückt und dann in möglichst schnellem Tempo diese Kurbel herumdreht. Bei stärkeren Motoren ist das Ankurbeln nicht so leicht; bei solchen mit mehr als 120 mm Bohrung erfordert es schon einen gewissen Kraftaufwand, um die Kurbel über die Kompression hinüberzudrücken.« Der Trick bestand darin, mit der Handkurbel wiederholt das Schwungrad so lange zu wippen, bis es genug Energie gespeichert hatte, um mit einer weiteren Drehbewegung den Kompressionspunkt zu überwinden. Hatte man Glück, so lief der Motor sofort.

Während sich die spartanische Einfachheit der Fahrzeuge im Laufe der Jahre in recht aufwendigen Komfort verwandelte und sich auch ihre Zuverlässigkeit zunehmend steigerte, blieb der Automobilist bei einer Panne doch häufig sich selbst überlassen. Reparaturwerkstätten waren selten und teuer. Eine Anekdote aus jener Zeit berichtet, daß ein Kraftfahrer für das Nachregulieren des unrund laufenden Motors ein blankes Fünfmarkstück zu zahlen hatte, obwohl die Reparatur nur eine entsprechende Drehung der Leerlaufschraube erfordert hatte. Auf der daraufhin von ihm geforderten Rechnung stand zu lesen:

»Eine Schraube angezogen . . . umsonst
Gewußt, wo . . . 5,–Mark.«

Dieses »Gewußt wo« ließen sich die wenigen qualifizierten Werkstattbesitzer gut bezahlen. Auch die Ersatzteilversorgung für die Vielzahl der Typen und Modelle war ein Problem. Bei größeren Fahrten galt daher folgende Empfehlung für die Ersatzteilmitnahme:

Ein Satz Zündkerzen oder Zündflansche mit Stiften, ein halber Satz Auspuffventile mit Federn, ein Satz Kurbelwellenhauptlager, ein halber Satz Pleuellager, ein Satz Vergaserdüsen, ein Reservelufttrichter für den Vergaser, ein Reserveschwimmer für den Vergaser, ein paar Reserveantriebsketten sowie zwei Heißwasserschläuche mit Schellen.

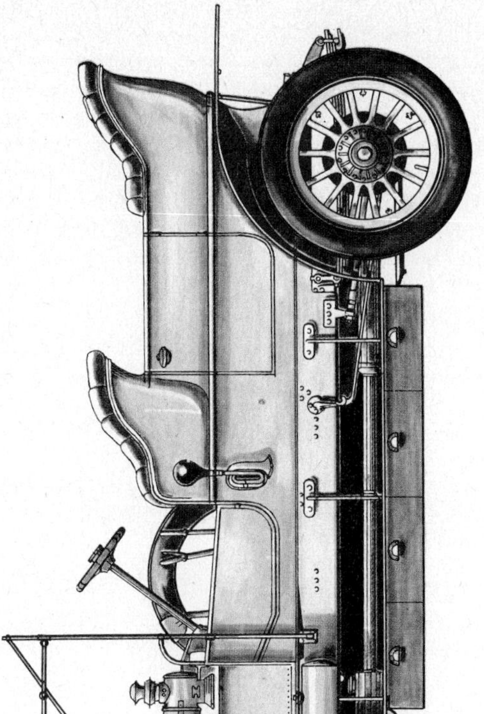

Rolls-Royce »Silver Ghost« 6-Zyl. 48 PS 1906

In gleicher Weise universal war auch die Werkzeugausrüstung der Wagen, die von ein bis zwei Handhämmern, den verschiedenartigsten Zangen, Schraubenschlüsseln und Feilen bis zu einer Handbohrmaschine mit Spiralbohrern reichte. Hinzu kamen noch Reservekannen für Benzin und Öl, die obligatorische Staufferfettdose, einige Meter Kupferdraht, Bindedraht, Isolierband, Zündkabel, Werg, ein Sortiment Schrauben, Muttern und Unterlegscheiben sowie Splinte. Auf solche Weise gerüstet, fehlte dem Automobil eigentlich nur noch jemand, der dieses Arsenal im Notfalle auch sachkundig verwenden konnte. Daher sorgten die Automobilbesitzer vor: Sie unternahmen Fernfahrten nur mit einem Chauffeur.

Kutschenbauer und Karossier

Das Automobil vermittelte trotz allem ein völlig neues Fahrgefühl, wofür folgende enthusiastische Zeilen aus dem Bericht eines Zeitgenossen beredtes Zeugnis ablegen:

»Nun geht es dahin in reiner staubfreier Morgenluft. Kühle, wohlriechende Lüfte wehen über die Felder, nehmen hier und da noch einen Hauch stark duftender Wiesenblumen mit, umspielen das Gesicht des Fahrenden. Sie dringen durch die warmen Mäntel hindurch und baden den Körper im lebendigen Odem des erfrischenden Morgenwindes. Sie dringen ein in die Lungen, die sich in Kraft und Wohlbehagen dehnen und im beschleunigten Tempo dem Blut frischen Sauerstoff zuführen. Immer stärker und stärker wird dieses Duftbad, je schneller die Fahrt wird. Die das Lenkrad umspannenden Hände des Fahrers greifen kräftiger zu, jeder Muskel des Armes, der Brust und des Rückens spannt sich. Auch die Beine, fest nach vorn gestemmt, um dem Körper den erforderlichen Halt zu geben, arbeiten mit. Die Füße spielen lose in den Gelenken, bereit, bei dem geringsten Hindernis die Pedale für die Entkuppelung des Motors und die Bremse in Bewegung zu setzen. Kurzum, der ganze Körper arbeitet. Aber er arbeitet mit konzentrierter Sammlung seiner sämtlichen Organe, nur mit dem einen Blick auf die Strecke und mit dem einen Gedanken an die Steuerung. Mit der Abkühlung der durch die Kleider dringenden Winde halten die Erhöhung der Blutzirkulation und die Körpertemperatur durch das Atmen gleichen Schritt. Auch Weib und Kind empfinden das Wohlbefinden und die gehobene Lebenstätigkeit nach jeder Fahrt. Die Nervosität legt sich rasch, und es tritt das Gegenteil ein, nämlich eine heitere, ruhige Stimmung, kräftiger Appetit und tiefer Schlaf als der beste Beweis für die nervenberuhigende und nervenstärkende Wirkung des Fahrens. Und dann sehe man einmal, was das für eine wunderschöne Massage ist, wenn der Motor läuft und der ganze Wagen im Takt mitarbeitet!«

Zweifellos dachten viele Autobesitzer nicht so emphatisch, wenngleich das Automobil auch für sie von vornherein einen gewissen sportlichen Reiz besaß. Aber die meisten Autokäufer sahen schon damals im Besitz eines solchen Wagens nicht nur ein Demonstrationsobjekt sportlicher Ambitionen, sondern auch eine sehr wirkungsvolle Repräsentation. Es ist müßig, darüber zu streiten, welchem der beiden Aspekte der Vorrang gebührt – sicher ist, daß beide im Spiel waren. In weiten Gegenden des kaiserlichen Deutschlands galten Pferd und Wagen als konservatives Statussymbol. An diesem Vorbild orientierte sich auch der Automobilbau. Seine »Kühnheit« bestand lediglich darin, daß er das Pferd wegließ – und genau die gleiche Kutsche sich »von selbst« bewegen ließ. Mit einem solchen Fahrzeug konnte man sowohl Aufsehen erregen als auch – gemessen an althergebrachten Maßstäben – repräsentieren. Das waren die Automobilbauer ihren Kunden auch schuldig, die ja alle aus den »Pferd und Wagen«-Kreisen stammten und trotz des konservativen Gewandes der »neumodischen Kutschen« befürchten mußten, von ihren Standesgenossen als »Neureiche« oder »Freisinnige« verspottet zu werden. Auch aus diesem Grunde hielt man sich an die herkömmliche Form des Gefährts. Vor allem aber war entscheidend, daß sich in den achtziger und neunziger Jahren des vorigen Jahrhunderts der Kutschenbau in seiner Blütezeit und konstruktiv auf dem letzten Höhepunkt befand. Selbst wenn man gewollt hätte – man hätte überhaupt keinen besseren Wagen bauen können; denn noch waren ja die neuen konstruktiven Anforderungen, die der Motorantrieb stellte, gar nicht bekannt.

Einerseits also war man gezwungen, den Motor in eine der üblichen Kutschen einzubauen, und andererseits achtete man bis zur Jahrhundertwende peinlich genau darauf, im äußeren Erscheinungsbild alles zu vermeiden, was irgendwie Nicht-Kutschen-Charakter trug und etwa

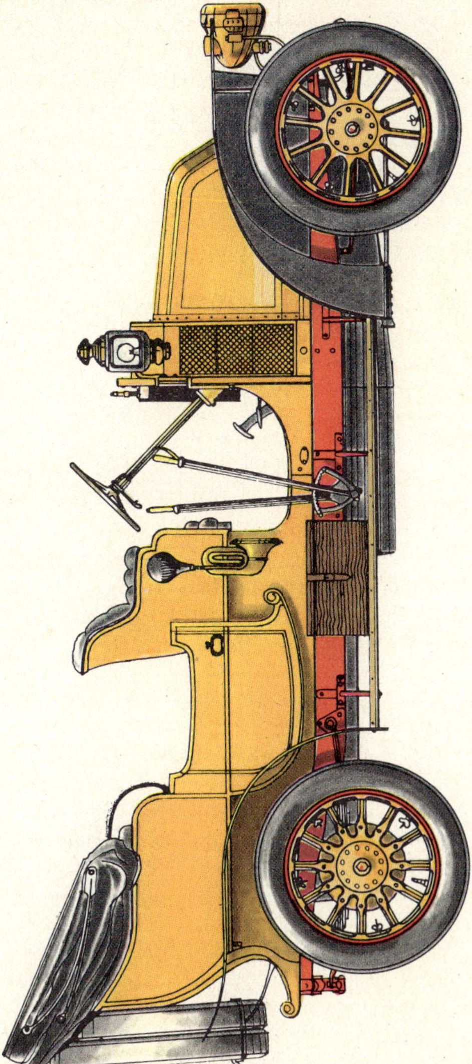

Renault 4-Zyl. 35 PS 1906

zu deutlich den Patentmotorwagen erkennen ließ. Selbstverständlich verwendete man daher für die nähere Bezeichnung der Automobile die althergebrachten Kutschenbezeichnungen wie z.B. Break, Landauer, Viktoria, Vis-a-vis (»gegenüber«), Dos-à-dos (»Rücken an Rücken«), Phaeton usw. Wie konsequent man hierbei vorging, zeigen zwei Beispiele.

Die Kutschen besaßen unter dem Kutschbock den sogenannten Durchlauf, bei dem es sich um einen frei gehaltenen Raum handelte, der ursprünglich zusammen mit den kleinen Vorderrädern bei der Drehschemel-Lenkung einen kleinen Wendekreis erlaubte, da die Räder unter der Kutsche »durchlaufen« konnten. Seit der Einführung der Achsschenkel-Lenkung (1892) brauchte man ihn nicht mehr, weil sich jetzt die Lenkgeometrie grundlegend geändert hatte. Er gehörte aber zum Kutschenbild, also blieb er, obwohl er gar keine Funktion mehr hatte.

Nachdem die ersten Firmen ihre Autos, bei denen der Motor vorn angebracht war, erfolgreich verkauft hatten, gingen auch andere dazu über, das Antriebsaggregat vorn unter einer blechernen Haube anzuordnen – insofern bemerkenswert, als im Kutschenbau bisher Blech als Arbeitsmaterial streng verpönt war. So wurde der Blechkasten am Wagenbug Mode. Selbst Firmen, die den Motor weiterhin im Heck unterbrachten, zierten nun ihre Kutschen vorn mit dem ominösen Blechkasten, auch wenn er nur eine Attrappe bildete.

Schon damals zeigte sich im Widerspiel der beiden Grundkomponenten Funktionalität und Mode im Karosseriebau jene bis zur Gegenwart immer wieder auftauchende, scheinbar paradoxe Erscheinung: Nicht alles Modische hat einen funktionellen Grund, und nicht jede Funktion kann modisch verkleidet werden.

Zwei wesentliche Schritte waren notwendig, um auch bei der Karosserie von der Kutsche zum Kraftfahrzeug zu gelangen: Erstens mußte der Motor seinen endgültigen Platz am Wagenbug erhalten, und zweitens mußten Fahrgestell und Aufbau voneinander getrennt werden.

Der Übergang zum Frontmotor vollzog sich gegen Ende der neunziger Jahre zuerst in Frankreich und Deutschland. Jetzt gab der vornstehende Kühler dem Wagen das

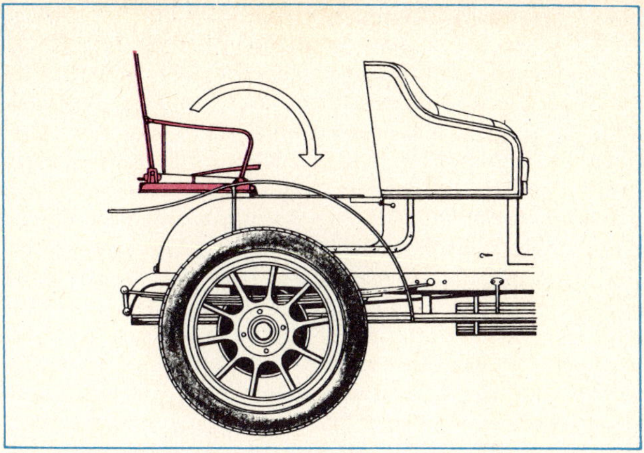

Klappsessel für den dritten Mitfahrer bei zweisitzigen Wagen

Gesicht. Er wurde in der Folgezeit zum Träger des Firmenzeichens und durch unterschiedliche Gestaltung zu einem charakteristischen Unterscheidungsmerkmal. An ihn schloß sich die Motorhaube an. Der Übergang zwischen ihr und dem Wagenaufbau blieb viele Jahre ein stilistisch ungelöstes Problem.

Die Trennung von Fahrgestell und Karosserie wurde dadurch möglich, daß man die bei der Kutsche übliche rahmenlose Bauweise aufgab und ein gesondertes Fahrgestell schuf, an dem Motor, Federn, Achsen usw. befestigt waren. Darauf wurde dann die Karosserie gesetzt. Das brachte vor allem den Vorteil mit sich, daß der Käufer das von der Motorwagenfirma gefertigte Fahrgestell nach seinem Wunsch karossieren lassen konnte. Auf einen Fahrgestelltyp ließen sich verschiedene Aufbauten setzen.

Hatten bisher die ungleich großen Räder, der hoch angebrachte Kutschbock und der tiefgelegte Einstieg in den Fond jenes so charakteristische Auf und Ab der Linienführung ergeben, so begradigte nun der Rahmen rigoros die Grundlinie des Aufbaus. Allerdings wuchsen dabei nicht zuletzt auch wegen der noch verwendeten Vollelliptikfedern die Aufbauten bedrohlich in die Höhe; der Einstieg lag bis zu 80 cm über dem Erdboden!

Die üblichen Radstände von etwa 2000 mm boten nicht allzuviel Raum: Die Motorhaube, eine für die bequemere Sitzposition des Fahrers notwendigerweise schräggestellte Lenksäule und zwei Sitzplätze – das war alles, was man unterbekam. Platz für die übrigen Fahrgäste blieb nur über der Hinterachse, auf die daher ein kastenförmiger Aufbau gesetzt wurde. Damit war das Tonneau geboren, in dem sich die Passagiere wirklich wie in einer Tonne gegenüber saßen. Es erfreute sich jahrelang großer Beliebtheit und wurde zum Einheitsmodell für den kleinen und mittelgroßen Wagen. Zugang zu diesem vier- bis fünfsitzigen, offenen Aufbau erhielt man im wahrsten Sinne des Wortes über ein Hintertürchen, weil der Hinterrad-Kettenantrieb und der sehr kurze Radstand einen seitlichen Einstieg praktisch unmöglich machten. Diese Karosserieform bildete einen beachtlichen Fortschritt, waren doch die Fahrgäste erstmals durch die seitlichen Bordwände geschützt im Karosseriekörper untergebracht. Allerdings konnte man noch kein Wetterverdeck anbringen, da ja hinten die Tür angeschlagen war. Vereinzelt wurde daher mit Hilfe eines abnehmbaren Traggerüstes ein Wetterdach über den Passagiersitzen angebracht – eine etwas flattrige Angelegenheit.

So erfreut man über das Tonneau auch war, seine offensichtlichen Mängel ließen die Karosseriebauer auf

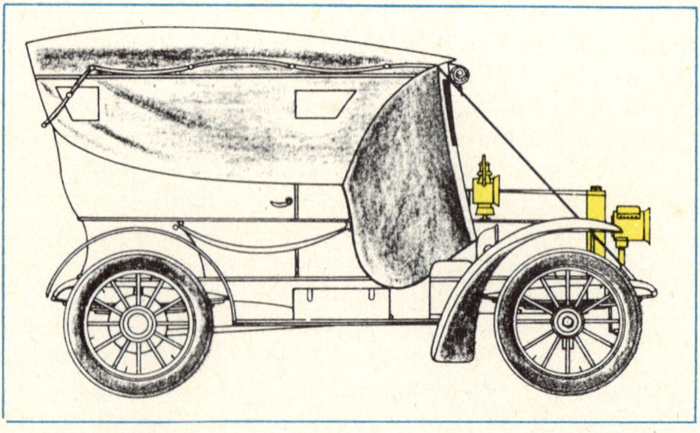

Klappverdeck mit Stoffseitenteilen und Zelluloidscheiben

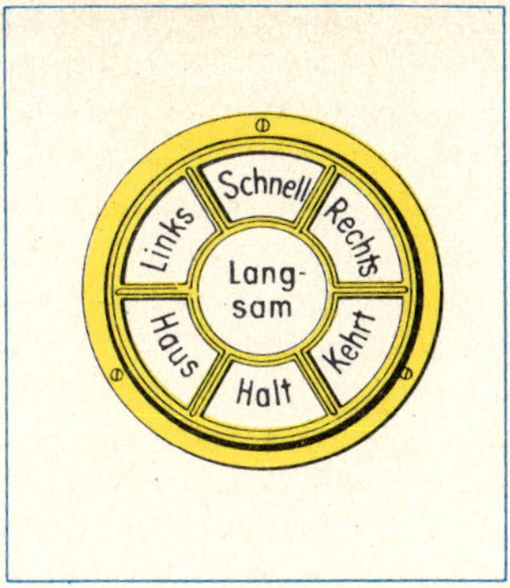

Mit Hilfe dieses fernbedienten Anzeigers konnten dem Fahrer die Wünsche des Passagiers deutlich gemacht werden

Abhilfe sinnen. Immer nachdrücklicher forderten sie verlängerte Fahrgestelle, um Aufbauten daraufstellen zu können, die besser waren und höheren Ansprüchen genügten. Nachdem 1902 der Mercedes »Simplex« ein recht erfolgreiches Beispiel (erstmals gleich große Räder, Fahrgestell auf 2450 mm verlängert usw.) gegeben hatte, setzte sich rasch eine neue Erfolgsform durch: das Phaeton bzw. Doppelphaeton. Es handelte sich dabei um einen offenen Zwei- bzw. Mehrsitzer, der zum Schutz der Insassen gegen Witterungsunbilden ein Verdeck besaß, das auf die hintere Rückenlehne zusammengeklappt werden konnte. Meist ließ sich eine Verdeckhülle darüberstreifen, wodurch sich die gefaltete Plane harmonisch dem Fahrzeug anpaßte. Außerdem bot sie einen willkommenen Schutz gegen den aufgewirbelten Staub der Landstraße. War das Verdeck aufgeklappt, befestigte man zwei lange Riemen an den vorderen Scheinwerfergabeln, damit es gespannt blieb.

Die geschlossenen Aufbauten, von denen hier die Limousine, das Coupé und das Landaulet genannt sein sollen, waren natürlich sehr viel aufwendiger, teurer und eigentlich nur Luxusfahrzeugen zugedacht. Der Limousinenaufbau war noch am Kutschenvorbild orientiert, und es wurde auch, ebenfalls deutlich erkennbar, der Platz für den Chauffeur vom Fahrgastraum getrennt. Dieser war im Salonstil mit schwellenden Polstern, damastenen Bezügen und anderen luxuriösen Zugaben ausgestattet. Die Verständigung mit dem außensitzenden Chauffeur erfolgte meist über eine kleine Sprechanlage oder durch eine verschließbare Öffnung in der gläsernen Trennwand. Bei ganz »vornehmen« Leuten gab es sogar ein Anzeigegerät am Armaturenbrett. Die Fenster waren herablaßbar – etwa in der Art, wie es bei Eisenbahnwagen üblich war. Der Platz auf dem großen Dach, das über den Chauffeursitz hinausragte, war der Unterbringung von Gepäck und Reservereifen vorbehalten; eine feste Dachgalerie sorgte dafür, daß die »Bagage« nicht herunterfiel. Während die im Fond des Wagens sitzenden Fahrgäste auch bei kühler Witterung teils durch eine unter dem Wagenboden angebrachte Warmwasserheizung, teils durch pelzgefütterte Fußsäcke einigermaßen geschützt waren, mußte sich der Fahrer mit Pelzmantel, Wollschal, Schutzkappe, Brille und Lederdecke versehen. Einen gewissen Schutz boten ihm dann die zwischen 1905 und 1908 auftauchenden vorderen Windschutzscheiben. Anfangs handelte es sich dabei um mächtige, oft in Mahagoniholz und Messing gefaßte Spiegelglasscheiben. Spätere Muster waren verstellbar und ließen sich umklappen. Da es Scheibenwischer (bis 1911) noch nicht gab, war eine Scheibenhälfte hochstellbar eingerichtet, damit sie bei Regen oder Schnee die Sicht freigab – also gerade dann, wenn sie als Schutz am nötigsten gebraucht wurde.

Das Landaulet unterschied sich von der Limousine dadurch, daß es über den Hintersitzen ein klappbares Lederverdeck besaß und so den Insassen je nach Wunsch das Fahren im geschlossenen oder offenen Wagen erlaubte.

Bei allen damaligen Karosserien hatte man sich im Hinblick auf Material und Formgestaltung noch nicht von der Kutschenbautechnik gelöst. Das hölzerne Gerippe wurde mit zahlreichen, vor allem aber statisch richtig verteilten Verstrebungen auf einem ebenfalls hölzernen Rundrahmen errichtet. Dieser bestand aus den Längsschwellern mit Querverbindungen, die man auf den Chassisrahmen aufgeschraubt hatte. Dieses Gerippe wurde nun mit Holz getäfelt und mühsam in die gewünschten geschwungenen Formen gebracht. Es gab Karosserie-

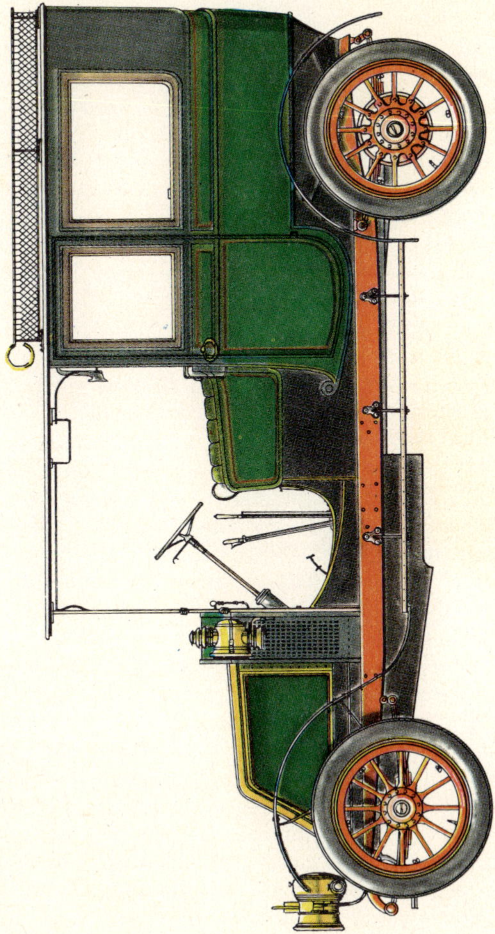

Renault 4-Zyl. 20 PS 1906

formen, die nur von großen Könnern wirklich vollendet hergestellt werden konnten, wie z. B. die Tulpenform mit doppeltgewölbten Seiten- und Rückenlehnen der Sitze. Während Henry Ford schon seit 1908 die Karosserien seiner Autos sehr viel billiger aus Blech pressen ließ, wurden die Aufbauten in Europa bis zum ersten Weltkrieg aus Holz hergestellt, wenn man von Kotflügeln und Windschutzhauben einmal absieht. Der wegen seiner silbern glänzenden Karosserie aus Alublech »Silver Ghost« genannte Rolls Royce (1907) blieb hier eine Ausnahme.

Je sauberer und gleichmäßiger die hölzerne Oberfläche gestaltet worden war, desto unproblematischer war die Lackierung. Die Farbe wurde damals noch nicht mit der Spritzpistole, sondern mit dem Pinsel aufgetragen. Zunächst aber wurde das Holz mit mehreren Spachtellagen belegt, die sauber geschliffen wurden. Auch das Auftragen der Farbe in mehreren Schichten mit nachfolgendem wiederholtem Schleifen und schließlich der Lacküberzug verlangten großes handwerkliches Können. Schon damals hatte die farbliche Gestaltung nicht nur eine rein optische Funktion. Sie diente auch der Erhaltung der gegen Nässe sehr empfindlichen Holzkarosserie. Was lange währt, wird endlich gut: Für eine sorgfältige, erstklassige Lackierung brauchte man etwa vier bis sechs Wochen!

Die endgültige Abkehr vom Kutschenvorbild vollzog sich als unmittelbare Nachwirkung der in Deutschland zwischen 1906 und 1911 ausgetragenen Herkomer- bzw. Prinz-Heinrich-Fahrten, die unseren heutigen Rallyes in starkem Maße ähneln. Vorgeschrieben war eine mindestens viersitzige Karosserie mit ausreichenden Innenmaßen, seitlichen Türen und der Radform angepaßten Kotflügeln von wenigstens 20 cm Breite. Die trotz dieser Alltagsdimensionen – die Wagen mußten die Distanz entsprechend ihrer Sitzplatzzahl »in voller Besetzung« durchstehen – geforderten hohen Fahrleistungen waren natürlich mit den herkömmlichen, schweren und hochbauenden Aufbauten nicht zu schaffen. Es wurden daher glattflächige Spezialkarosserien entwickelt, bei denen Wert auf strömungsgünstige und somit geschwindigkeitssteigernde Formen gelegt wurde. Die sensationell wirkenden Wagen begründeten einen völlig neuen Stil.

Dixi U 35 4-Zyl. 65 PS 1907

In der gleichen Zeit bemühte sich auch der »Deutsche Werkbund« mit seinen prominenten Gestaltern Walter Gropius, dem Begründer des Dessauer Bauhauses, und Ernst Neumann, der später durch seine Propaganda für den Kleinwagen (Neander-Fahrmaschine) populär wurde, um einen glatten, zweckbetonten und auf überflüssigen Zierrat verzichtenden Aufbau. Neumann schrieb selbst: »Die Prinz-Heinrich-Fahrten, die Rennen der vollbesetzten Tourenwagen, gaben den entscheidenden Anstoß zur neuen Formgebung. Die Bedingungen der Ausschreibungen beschränkten die Maschinenkraft und die Dimensionen des Motors. Der Konstrukteur brauchte aber Schnelligkeit. Er fing an, den Luftwiderstand zu berücksichtigen und die Formen zu berechnen. Es wurde festgestellt, daß der Luftwiderstand eines schnellen Wagens mehr als ein Drittel der Motorkraft absorbierte. Verringerter Luftwiderstand bedingt glatte, geschlossene Formen. So entstand die Torpedo-Karosserie.«

Der neue Karosseriebaustil beschränkte sich keineswegs nur auf sportliche Fahrzeuge, sondern erstreckte sich auch auf geschlossene Aufbauten. Die bisher gerade Spritzwand zwischen Motor und Fahrer verschwand unter einer aus Blech geformten Windschutzhaube, die funktionell zur Unterbringung der Armaturen genutzt wurde und formal als Übergang von der Motorhaube zum Lenkrad diente.

Der bis dahin auch seitlich offene Fahrersitz wurde geschlossen. Selbst Klinken und Scharniere verschwanden von der Außenwand. Die freistehenden, flachen Kotflügel wurden durch solche ersetzt, die der Radform angepaßt und nach der Motorhaube zu geschlossen waren. Die Windschutzscheibe wurde leicht schräg gestellt, und auch die Beleuchtungskörper paßte man der Torpedoform an. Auch die bisher außen angebrachten Schalt- und Bremshebel wanderten nach innen – eine längst fällige Maßnahme, die nicht nur aus formgestalterischen, sondern auch aus bedienungstechnischen Gründen erforderlich war. Bei Schlechtwetter hatte der Fahrer zur Bedienung der Hebel recht umständlich nach draußen langen müssen, weil zum Schutz vor der Witterung in die Türen bzw. Bordwände Celonscheiben eingesetzt worden waren.

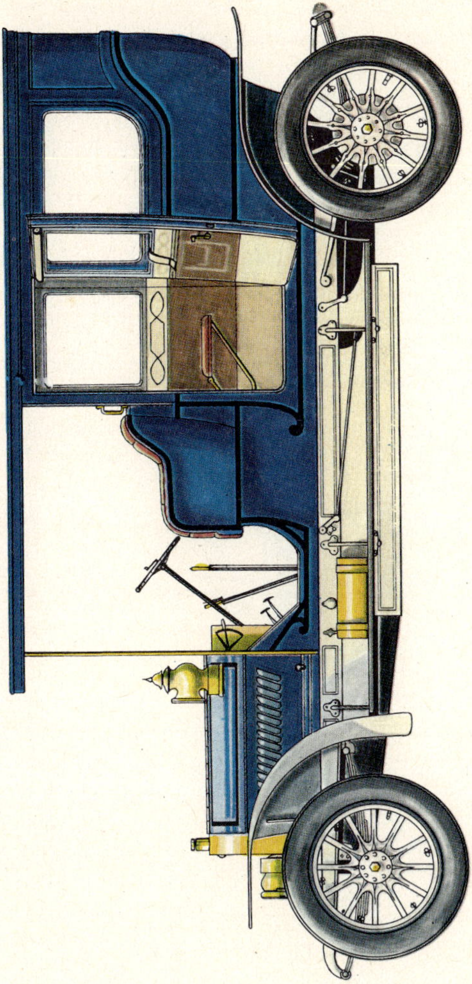

Opel 4-Zyl. 18 PS 1907

Das Automobil sollte nun aber nicht nur bei jedem Wetter, sondern auch Tag und Nacht benutzbar sein. Dafür war natürlich eine leistungsfähige Lichtanlage Voraussetzung. Ursprünglich besaßen die Fahrzeuge gewöhnliche Kerzen, später Petroleumlampen. Aber wenn bei ihnen nicht regelmäßig der Docht nachgedreht wurde, verrußten die Lampenscheiben, und man sah überhaupt nichts mehr. Vom Fahrrad wurde dann die Azetylenlampe übernommen, die mit Hilfe von Karbid und Wasser ein gleißend helles Licht erzeugte. Diese Anlagen brachten zwar eine bedeutende Verbesserung der Sicht, verlangten jedoch auch eine sehr aufwendige Pflege. Der Gaserzeuger war auf dem Trittbrett angebracht, auf dem übrigens außerdem noch Reserveräder und Werkzeugkästen ruhten. Über Gummischläuche wurde das Gas zu den Brennern in den

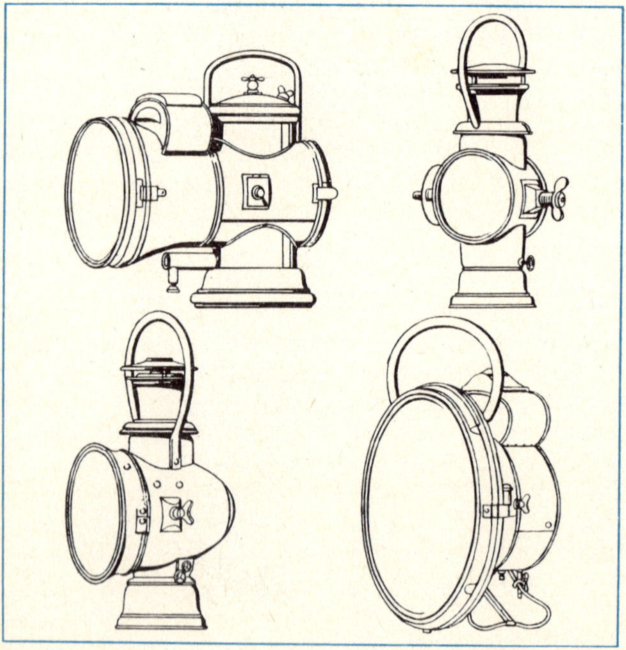

Automobillaternen mit und ohne eingebauten Entwickler

Kilometerzähler um 1905

Lampen geführt. Im allgemeinen wurden mit diesem Azetylen die beiden Scheinwerfer gespeist. In den seitlichen Positionsleuchten, im Deck- und Schlußlicht brannte nach wie vor Petroleum. Der Vorteil des Azetylens, nämlich sein sehr helles Licht, war auch gleichzeitig sein Nachteil: Die Blendwirkung war sehr groß, und Abblendvorrichtungen gab es noch nicht. Es ist daher nicht verwunderlich, daß viele Städte die Durchfahrt mit diesem Licht verboten. Der Fahrer mußte wohl oder übel an der Ortseinfahrt die Lampen löschen, um sie nach Verlassen des Ortes wieder zum Leuchten zu bringen – nicht nur bei Regen und Sturm eine mühselige Sache. Unangenehm machte sich bei dieser Beleuchtungsart auch der penetrante Karbidgestank bemerkbar, der selbst bei kleinsten Undichtigkeiten auftrat und sich bei der Reinigung des Behälters überhaupt nicht vermeiden ließ. Im Winter gefror das im Entwickler befindliche Wasser sehr leicht und setzte so die ganze Anlage außer Betrieb. Man versuchte diesen Mangel dadurch zu umgehen, daß man statt dessen Azetylengasflaschen verwendete, in denen das Gas bereits im komprimierten Zustand mitgeführt wurde. Eine wesentliche Verbesserung trat etwa ab 1910 mit den erstmals auftretenden Großscheinwerfern von Zeiss ein, die nicht nur optisch richtig (gebündeltes Licht), sondern vor allem auch mit mechanischen Abblendvorrichtungen konstruiert waren.

Auf dem Pariser Salon im Februar 1912 wurden die

ersten elektrischen Lichtanlagen mit Dynamo, Batterie und Anlasser für Personenwagen gezeigt. Außer den Amerikanern (Delco) waren die meisten europäischen Spitzenfirmen der Elektrobranche vertreten: Bosch, Siemens, Mafam und Norris. Die Vielfalt des Angebots war noch verwirrend. Zwischen 6 und 24 Volt war ungefähr jede denkbare Spannung vertreten. Man einigte sich übrigens 1914 im internationalen Maßstab auf zwei Standardspannungen, die im Personenwagenbau heute noch üblich sind: 6 und 12 Volt. Dennoch blieben solche elektrischen Licht- und Anlasseranlagen vor 1914 Ausnahmeerscheinungen.

Zu den interessanten Details an den Automobilen in jenen Jahren zählten auch die Armaturen, so z. B. die mitunter recht monströs gestalteten Tachometer oder die Steigungsmesser, an denen man den Neigungswinkel des Berges ablesen konnte, den man gerade hinauf- oder hinunterfuhr. Imponierend waren auch die Signalanlagen. Zunächst wurden die Automobile von den Fabriken mit einer sogenannten Huppe ausgerüstet, die einen einfachen, tiefen Ton – meist über einen Gummiball erzeugt – von sich gab. Für besonders hartnäckige Fälle rüsteten sich die Automobilisten aber auch mit nervtötenden Signalinstrumenten aus. Da gab es z. B. die Auspuffpfeife, die über eine Klappe am Auspuff betätigt wurde und die übrigens oft verrußte. Die Ventilpfeife zwitscherte in gellenden Tönen; sie war in der Nähe des Auslaßventils angebracht. Mit sonorem Dröhnen fegte »Auto Vox« Querulanten von der Straße; das Instrument glich einer Miniaturbaßtuba. Es war unter der Motorhaube angebracht und wurde über einen Hebel am Lenkrad bedient. Dieser betätigte über einen Bowdenzug eine am Schwungrad angebrachte Rotationspumpe, die über eine Schlauchleitung Luft durch die Hornmembrane drückte. Auf Schockwirkung bedachte Geräuschinstrumente an den Automobilen jener Jahre waren außerdem das Claxon und das Vakuumhorn.

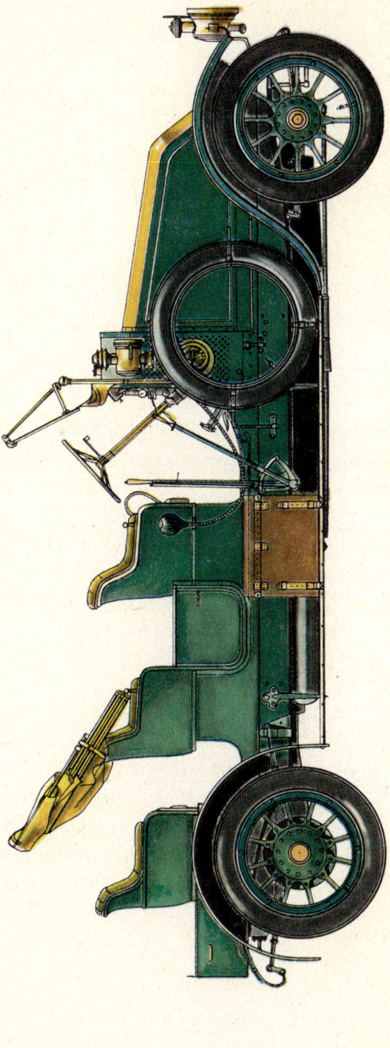

Renault 6-Zyl. 50 PS 1908

Zwischen Werkstatt und Industrie

Die ersten Automobilbauer hatten ihre Wagen erdacht und gebaut, um damit fahren zu können. Sie kümmerten sich herzlich wenig darum, ob die Konstruktion kompliziert war. Sie interessierte lediglich das praktische Ergebnis. Die Materialauswahl und die Teilkonstruktion, die Anordnung der Baugruppen und die Montage – all das waren Probleme, die gewissermaßen sekundär waren. Hauptsache blieb, daß das Auto auch wirklich lief. Die »technologische Eignung« der Konstruktion erwies sich erst als wichtig, als das gelungene Einzelstück zum Prototyp einer folgenden Serie wurde.

Waren die ersten Automobile in häufig recht primitiv ausgerüsteten kleinen Werkstätten entstanden und bestand die Arbeit vieler Konstrukteure im wesentlichen darin, ihren selbstgebastelten Motor irgendwo in einer fertiggekauften Kutsche unterzubringen, so änderte sich das, als die Konstruktion Kaufreiz auf mehrere Kunden ausübte. Aus der Bastelei wurde eine Fertigung, aus der kleinen Werkstatt ein Fabrikgebäude. Die Hauptprobleme, mit denen man sich nun auseinanderzusetzen hatte, waren die Auswahl des Materials, seine Bearbeitung und die Abwicklung eines flüssigen Herstellungsprozesses.

Man war sich von vornherein darüber im klaren, daß die spezifischen Bedingungen des Fahrzeugbetriebes und die teilweise recht hohe Beanspruchung einzelner Bauteile den Einsatz hochwertiger Materialien erforderten. Das hochwertigste Material, über das man zunächst verfügte, war (Kohlenstoff-)C-Stahl. Ihn verwendete man sowohl für die Kurbelwelle als auch für die Ventile. Allerdings hat C-Stahl den Nachteil hoher Sprödigkeit, was häufig zu

Brüchen der Wellen und zum Ausbrennen der Ventile – besonders der Auslaßventile – führte. In diesem Falle entstanden oft Wagenbrände. Stellte man die Ventile aus Wolfram- oder Mangan-Hartstahl her, so erkaufte man den Vorteil höherer thermischer Belastbarkeit gegen die Nachteile höherer Masse; die Ventilmasse vergrößerte sich, und Brüche von Ventilfedern oder Schäften waren die Folge. Auch über die günstigste Materialzusammensetzung der Wellenlager, die alle als Gleitlager ausgeführt waren, herrschte noch längere Zeit Unklarheit.

Was für Kurbelwellen und Ventile galt, traf im Prinzip eigentlich für alle besonders beanspruchten Wagenteile, wie z. B. Lenkung, Kraftübertragung usw., zu. Wenn man mit der Verarbeitung bekannter Materialien im Automobilbau nicht so recht weiterkam, so lag das nicht nur an der Unerfahrenheit, sondern eben auch an der Tatsache, daß man dafür neue, bessere Werkstoffe benötigte. Auch eine höhere Motorleistung war mit diesem Material, selbst wenn man es sorgfältiger bearbeitete, nicht zu erreichen. Um die Jahrhundertwende brachte die Stahlindustrie nicht zuletzt auf Forderung des Automobilbaus den Chrom-Nickel-Stahl heraus. Es handelte sich hierbei um einen außerordentlich hochwertigen Stahl, der nach entsprechender Bearbeitung eine hohe Festigkeit bei hoher Zähigkeit und geringerer Masse besaß. Die Kurbelwellen wurden in der Zeit vor dem ersten Weltkrieg als Rohlinge geschmiedet, dann gehobelt, gedreht und gefräst und danach an den Zapfen und Lagerstellen geschliffen. 1910 begann Ford, die Kurbelwellen zu gießen. Das war das kostengünstigste und präziseste Herstellungsverfahren, aber es setzte eine ganz erstklassige Gußqualität voraus. Die fertigen Kurbelwellen wurden damals nur selten und nur bei sehr exklusiven Wagen (z. B. Rolls Royce) ausgewuchtet. Der Einsatz so hochwertigen Materials und von Kurbelwellen mit so hoher Festigkeit schuf eine der wichtigsten Voraussetzungen für die Steigerung der Motorleistung: Höhere Drehzahlen waren nun auch im Dauerbetrieb möglich.

Die engen Zusammenhänge zwischen dem Material, seiner Bearbeitung und der Leistungsfähigkeit des Motors sollen noch an einem anderen Beispiel erläutert werden.

Eine höhere Kurbelwellendrehzahl setzte auch eine Verringerung der Kolbenmasse voraus. Daher ging man von Graugußkolben zum Stahlkolben über, der nicht nur wesentlich dünnwandiger, sondern auch leichter und fester war. Allerdings hatte er den Nachteil, daß er schlechtere thermische Eigenschaften besaß und höheren Verschleiß an den Zylinderwänden verursachte. Auf der Suche nach noch besseren Einsatzmaterialien entwickelte man den Leichtmetallkolben auf Alu-Basis. Sein bestechender Vorzug bestand in der geringen Masse und in der ausgezeichneten Wärmeleitfähigkeit. Allerdings war das Grundmetall Aluminium nicht nur sehr teuer – jedenfalls bis zur Schaffung der Elektrometallurgie – sondern auch sehr selten. Es wurden daher Leichtmetall-Legierungen entwickelt, die unter Verwendung des Aluminiums besonders seine Vorzüge, nicht aber seine Nachteile besaßen. Auf diese Weise gelang es auch, spezielle Kolbenformen mit Einschnitten und dehnungshemmenden Einsätzen zu entwickeln, die wegen der hohen Temperaturschwankungen, denen die Kolben im Motorbetrieb unterlagen, unbedingt erforderlich waren. Diese Leichtmetallkolben in ihren vielfältigsten Formen (eine Wissenschaft für sich!) verdrängten die Stahlkolben und auch die gußeisernen fast völlig.

Nicht nur die Auswahl des Materials, sondern auch die Art und Weise seiner Bearbeitung gewannen zunehmende Bedeutung. So wurden beispielsweise die Kurbelwellen der ersten Kraftfahrzeugmotoren aus einem ganzen Rohling gearbeitet, wobei nicht nur eine unverhältnismäßig große Menge Material zerspant werden mußte, sondern vor allem auch die Qualität des Werkstücks wesentlich dadurch beeinträchtigt wurde, daß die Fasern des Rohlings durchschnitten werden mußten. Man ging daher dazu über, die Wellen durch freies Schmieden herzustellen. Das war insofern besser, als hier die Fasern des Materials erhalten blieben und so eine höhere Festigkeit erreicht wurde. Allerdings war diese Methode enorm zeitaufwendig und teuer. Sie erforderte eine hohe Qualifikation der Schmiede, von deren Können die Qualität der Kurbelwelle abhing. Einen Schritt weiter führte der Übergang zum Gesenkschmieden, das die Herstellung der Kurbelwellen verein-

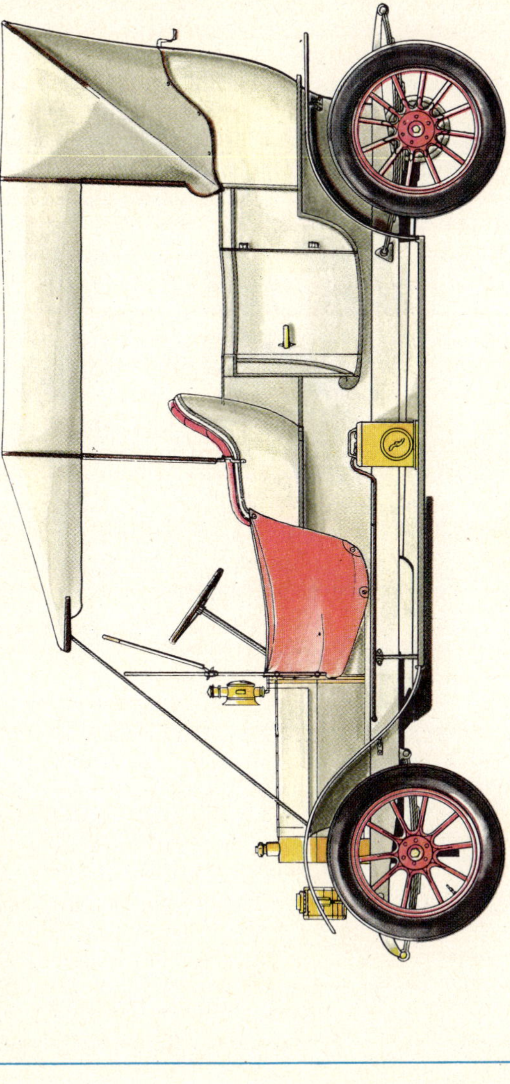

Opel 4-Zyl. 60 PS 1908

fachte, beschleunigte und verbilligte. Man benutzte dabei eine Hohlform, deren Gestalt genau den Formen und Maßen der herzustellenden Wellenrohlinge entsprach. So wurden nicht nur eine größere Genauigkeit und gleichbleibende Qualität auch bei großen Stückzahlen gesichert, sondern es blieb auch dank den nichtzerschnittenen Materialfasern die erwünschte hohe Festigkeit erhalten; außerdem brauchten solche Wellen ebenfalls geringe Zerspanungsarbeit. Eine noch höhere Effektivität brachte dann der Übergang zum Gießen der Wellen.

Die Art und Weise der Materialbearbeitung und der erzielte Fortschritt äußerten sich deutlich auch in konstruktiven Veränderungen der Kraftfahrzeuge. Zum Beispiel wurden für die ersten Motoren die Zylinder einzeln und getrennt vom Gehäuse gegossen, wobei Zylinder und Zylinderkopf ein Ganzes bildeten. Diese Methode wurde bevorzugt, weil sie wenig Gußabfall aufwies und es schwierig war, einen dauerhaft wirksamen und hermetischen Dichtungsabschluß zwischen Zylinder und Kopf zu erreichen. Die Gußmethode hatte aber den Nachteil, daß das Bohrwerkzeug beim Bearbeiten der Zylinder keinerlei Auflage an dem in den Zylinder führenden Ende hatte, wodurch sich die Präzision der Bohrung erheblich verschlechterte. Ganz abgesehen davon war natürlich die Oberflächenqualität dieser »blind« gebohrten Köpfe relativ gering; umfangreiche Nacharbeit war die notwendige Folge. Bald gelang es aber, insbesondere durch die Verwendung von Kupfer-Asbest-Dichtungen und dank einer höheren Präzision bei der Bearbeitung von zerlegbaren Werkstücken eine zuverlässige Konstruktion von Motorgehäusen mit abnehmbaren Zylinderköpfen zu entwickeln. Damit waren nicht nur eine höhere Genauigkeit bei der Verarbeitung z. B. der Zylinderbohrung möglich, sondern auch eine Fertigungsverkürzung, weil Nacharbeiten nicht erforderlich waren. Man hatte nun die Möglichkeit, Zylinderblöcke im Ganzen bzw. zunächst die Zylinder gruppenweise zu zweien oder zu dreien zu gießen. An den so gegossenen Rohlingen konnten nun mit Hilfe von Werkzeugmaschinen die Blockflächen bearbeitet, die Bohrungen und die Gewinde angebracht werden. Diese mit mehreren Spindeln und Schneidstählen ausgerüsteten Maschinen

Packard 4-Zyl. 40 PS 1909

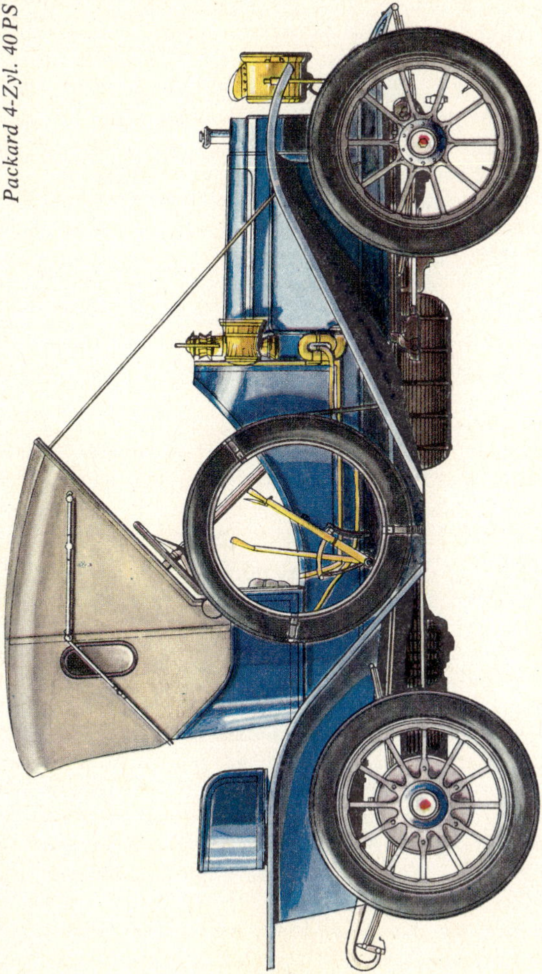

bearbeiteten den Block von vielen Seiten gleichzeitig. Die äußerst komplizierte Zylinderblockherstellung schrumpfte so im Zeitaufwand auf wenige Minuten bei höchster Präzision zusammen. »Leitfossilien« dieser Entwicklung, Zeugen des technischen Fortschritts, sind die Automobilmotoren jener Zeit, deren Zylinder erst einzeln stehend, dann paarweise und schließlich im glattflächigen Block angeordnet waren.

Die ersten Automobile wurden in der Werkstatt in einem recht zeitaufwendigen Verfahren zusammengebaut. Auf den Rahmen montierte man die einzelnen Teile und Baugruppen, die alle herangeführt werden mußten. Dabei konnte sich die Montagezeit unter Umständen durch Nacharbeiten an diesem oder jenem Teil erheblich verlängern. Erst wenn das Auto komplett auf den Hof gefahren war, wo es vom Käufer übernommen wurde, konnte man den nächsten Rahmen in Angriff nehmen. Es ist deshalb nicht sehr verwunderlich, daß bei der handwerklichen Fertigung die Lieferzeiten lang und die Preise hoch waren. Als nun aber die Einzelteile immer genauer hergestellt werden konnten, als Nacharbeit nur noch in geringem Umfang nötig war und nicht nur ein, sondern beliebig viele gleiche Teile in gewünschter Präzision ausgeführt werden konnten, vollzog man den nächsten Schritt: Die Montage wurde in einzelne Stationen aufgegliedert, an denen die gleichen Arbeiter mit den gleichen Teilen immer wieder die gleichen Handgriffe vornahmen. Erste Erfahrungen mit einer so zergliederten Fertigung sammelte Henry Ford 1913 mit der Magnetzünderproduktion. Ein Arbeiter hatte bisher diesen Zünder innerhalb von 20 Minuten montiert. Nach einer Einteilung in 29 Montagestationen sank die Fertigungszeit auf 5 Minuten. Auf der Grundlage dieser Erfahrungen führte Ford die industrielle Fließbandfertigung ein. Zunächst – gewissermaßen als ersten Schritt – wurde an den Fahrzeugrahmen eine vordere und hintere Hilfsbrücke montiert, auf der der Rahmen rollen und mit einem Drahtseil durch die Montagehalle gezogen werden konnte. Dabei passierte er die einzelnen Stationen, an denen die Arbeiter mit den entsprechenden fertigen Einzelteilen postiert waren, die sie direkt von den Werkbänken erhielten. Von Station zu Station verwandelte sich der Rahmen in ein fertiges Kraftfahrzeug. Bisher hatte diese Fahrgestellmontage – an einem Ort durchgeführt – über 12 Stunden gedauert. Zog man den Rahmen durch die Werkhalle, brauchte man nur noch 6 Stunden. Als schließlich auch die Montage der Hilfsbrücken wegfiel, weil der Rahmen auf einem Fließband durch die Halle transportiert wurde, von dem er am Schluß von selbst hinabfahren konnte, verkürzte sich diese Montagezeit auf anderthalb Stunden!

Eine der wichtigsten Voraussetzungen für diese Fließfertigung bestand u.a. auch darin, daß die verwendeten Teile montagegerecht konstruiert waren. Sie durften nicht zu kompliziert sein, so daß man eine lange Montagezeit gebraucht hätte, sondern mußten mit wenigen Handgriffen befestigt werden können. Seither wird die konstruktive Gestaltung der Kraftfahrzeugteile nicht nur von ihrer technischen Funktion im Fahrzeug selbst, sondern auch von ihrer »technologischen Eignung« bestimmt.

Entsprechend diesen Anforderungen an das Werkstück, die mit dem industriellen Charakter der Automobilfertigung zunehmen, wandelte sich auch die Ausrüstung der Betriebe. Anfangs genügten wenige Universalwerkzeugmaschinen, aber bald änderte sich das. Nach der Jahrhundertwende verfügten die meisten größeren Automobilwerke über eine sehr differenzierte und auch hohen Ansprüchen genügende Ausrüstung an Werkzeugmaschinen. Zahlenmäßig überwogen die Drehbänke, an denen sich sowohl die Serienteile als auch die Spezialanfertigungen herstellen ließen. Außerdem benutzte man noch Hobelmaschinen, die dann allerdings um 1914 von den Fräsmaschinen verdrängt wurden. Ihr Vorteil bestand vor allem in einer hohen Qualität der Flächenbearbeitung. Bohr- und Schleifmaschinen ergänzten den Maschinenpark.

Die Automobilindustrie war zweifellos vor 1914 einer der mit modernsten Produktionsinstrumenten ausgerüsteten Industriezweige, und es ist angesichts ihres hohen technischen Niveaus keinesfalls ein Zufall gewesen, daß gerade hier mit der Fließbandfertigung die effektivste industrielle Produktionsmethode entwickelt worden ist. Das schloß aber nicht aus, daß diese Industrie nicht nur im internationalen Vergleich, sondern auch bei der Betrachtung der einzelnen Betriebe, ja sogar innerhalb dieser Bereiche ein außerordentlich differenziertes Bild bot. Mit besonderer Deutlichkeit ergibt sich das bei einem Vergleich der Stellung des Produktionsarbeiters. Während in den USA eindeutig der un- bzw. angelernte Arbeiter überwog, dominierte in Europa der erfahrene Facharbeiter mit bedeutenden handwerklichen Fähigkeiten. Dieser Unterschied war symptomatisch: Je stärker die Produktion auf der Grundlage einer entwickelten gesellschaftlichen Arbeitsteilung und damit fortgeschrittener Technologien ablief, desto größer wurden die Möglichkeiten für die Beschäftigung ungelernter Arbeiter. Je handwerklicher die Fertigung vor sich ging, desto höher mußte der Qualifizierungsgrad der Arbeiter sein! Letzteres traf besonders auf den deutschen Automobilbau zu. Man darf dabei nicht übersehen, daß der Kraftfahrzeugbau in den USA bereits vor dem ersten Weltkrieg eine viel gewaltigere Dimension erreicht hatte als in Europa, obwohl man damit jenseits des Ozeans über ein Jahrzehnt später begonnen hatte. Aber hier wurde das Kraftfahrzeug von vornherein als – verhältnismäßig billiger – Gebrauchsartikel gehandelt, der in Massen hergestellt wurde, während man in Europa das Auto als Repräsentationsgegenstand aufpäppelte.

Ihre Qualifikation gewannen die Arbeiter sowohl in der Lehrzeit als auch durch Erfahrung. Es wurde sehr klar unterschieden zwischen den Facharbeitern, z. B. den Schlossern, Werkzeugmachern, Drehern, Kupferschmieden, Formern, Schmieden, Schreinern, Wagnern, Sattlern und Lackierern, den angelernten Arbeitern, wie z. B. den Fräsern, Bohrern, Schleifern und Gießern, und den ungelernten Arbeitern. Die Facharbeiter bildeten mit Abstand die zahlenmäßig größte Gruppe. Unter ihnen nahmen die Schlosser die Spitzenposition ein. Sie stellten mit den Monteuren, Werkzeugmachern und Mechanikern jenen Teil der Automobilarbeiter, der weniger auf Maschinen- als vielmehr fast überwiegend auf Handarbeit orientiert war. Im Gegensatz zu ihnen herrschte bei den Drehern die Maschinenarbeit vor. Allerdings handelte es sich dabei um solche Maschinen, die im Laufe der Bearbeitung eines Werkstückes mehrfach neu eingestellt werden mußten. Das

Opel »Doktorwagen« 4-Zyl. 8 PS 1909

erforderte eine beachtliche Erfahrung und konnte bei entsprechend voluminösen Arbeitsgegenständen eine sehr schwere Arbeit sein. Eine außerordentlich wichtige Gruppe bildeten die Schmiede. Bei ihnen entschied wie bei keiner anderen Berufsgruppe das hohe Geschick des einzelnen über die Qualität des ausschließlich in Handarbeit hergestellten Erzeugnisses. Bei ihnen hatte sich der Arbeitsvorgang durch den Einfluß von Maschinen kaum verändert; er war seit Jahrzehnten gleichgeblieben. Die Schmiede arbeiteten nach überlieferten Arbeitsbräuchen wie keine andere Berufsgruppe. Eine Schmiedekolonne bestand aus einem Feuerschmied, ein bis zwei Jungschmieden, einem Hammerwärter und einigen ungelernten Hilfsarbeitern. Fluktuation wurde nicht geduldet, die Kolonne blieb lange zusammen und war genau aufeinander eingespielt. Jeder Handgriff saß, und jedem Wink des Feuerschmiedes wurde Folge geleistet. Die Schmiede besaß selbst in den modernsten Werken jener Zeit einen ausgesprochen patriarchalischen und autoritären Habitus. Dieses Fluidum ließen die Unternehmer auch gern unangetastet: Ein erfahrener Schmied war Goldes wert und nur schwer zu ersetzen.

Einer im Jahre 1911 veröffentlichten Untersuchung über die Arbeiter eines großen deutschen Automobilunternehmens lassen sich interessante Aufschlüsse über die Herkunft der Automobilarbeiter entnehmen. Danach stammte ein großer Teil aus der Arbeiterklasse; ihre Väter waren bereits Industriearbeiter. Sie gehörten fast alle den hochqualifizierten Berufsgruppen wie Schmieden, Schlossern und Drehern an. Die nächstgrößere Gruppierung kam aus landwirtschaftlichen und sogenannten selbständigen Berufen wie z. B. Kaufleute, Gastwirte, Müllereibesitzer, Bäcker usw. Die Arbeiter erhielten bei täglich neunstündiger Arbeitszeit einen durchschnittlichen Lohn, der zwischen 5,68 Mark (Plattierer) und 3,77 Mark (Hilfsarbeiter) schwankte. Urlaub wurde erst nach einer Betriebszugehörigkeit von 10 bis 12 Jahren gewährt. Dann betrug er drei Tage. Erst nach einer 15jährigen Betriebszugehörigkeit erhielt ein Arbeiter 6 Tage bezahlten Urlaub im Jahr.

Technik für Profit

In fast jedem Unternehmen, das sich mit dem Automobilbau befaßte, gab es eine mehr oder weniger geheimnisvolle Versuchsabteilung, in der die »Erfolgsrezepturen« ausgeknobelt wurden. Der Chefkonstrukteur der Firma war hier zu Hause, oft einer der Gründer. Häufig hatten seine Konstruktionen Anlaß oder Grundlage der Firmenbildung geboten, und von ihm wurden nun wenn schon nicht technische Wunder, so doch ständige Erfolgsentwürfe verlangt. Das Dilemma wird deutlich: Auf die Wunder verzichtete man gern, wenn nur der geschäftliche Erfolg anhielt.

Die meisten Automobilpioniere waren hervorragende Techniker mit einer gründlichen praktischen Ausbildung. Sie besaßen auch hohes technisches Wissen.

Carl Benz (geb. 25.11.1844), Gottlieb Daimler (geb. 17.3.1834) und Wilhelm Maybach (geb. 9.2.1846) hatten z.B. in ihrer Jugend eine Ausbildung genossen, die sie nicht nur mit technisch-mechanischen Dingen schlechthin in Berührung gebracht, sondern darüber hinaus besonderen Wert auf Präzisionsarbeit gelegt hatte. Daimler war Büchsenmacher geworden, Maybach hatte seine Lehrzeit im Technischen Büro der Reutlinger Maschinenfabrik als Zeichner verbracht, und Benz hatte zwei Jahre lang in einer Maschinenfabrik als Schlosser auf dem Gebiete des Lokomotiv- und Werkzeugmaschinenbaus gearbeitet. Daimler und Benz erweiterten danach ihre Kenntnisse durch einen zweijährigen Kurs am Polytechnikum, Maybach erwarb sich sein Wissen im abendlichen Selbststudium. Seit den siebziger Jahren befaßten sich alle drei mit der Konstruktion von Verbrennungsmotoren.

Carl Benz hatte bereits 1870 eine »mechanische Werkstätte« gegründet, die an den Auswirkungen der Wirtschaftskrise 1877 zugrunde ging und versteigert wurde. Um seiner Existenz willen mußte Benz die Produktion irgendeines technischen Erzeugnisses aufnehmen, das sich möglichst gewinnbringend verkaufen ließ. Die erfolgversprechendsten Aussichten bot in dieser Branche der Motorenbau. Er entwarf einen – um die Ottoschen Viertaktpatente zu umgehen – nach dem Zweitaktverfahren arbeitenden Motor, der dann nach zwei Jahren Entwicklungszeit zur Zufriedenheit lief. Damit war das Produktionsobjekt gefunden, es fehlte jedoch noch die zur Fertigung notwendige Fabrik. Sie zu errichten hatte Benz kein Geld. Es blieb ihm also nichts anderes übrig, als seine Entwicklung, den Zweitaktmotor, interessierten Leuten als profitversprechendes Objekt anzupreisen, um sie zu Kapitalinvestitionen zu bewegen. In der Tat fanden sich auch einige Geldgeber, die mit Benz zusammen 1882 die Mannheimer Gasmotorenfabrik AG gründeten. Die Anfangsschwierigkeiten waren aber größer als gedacht, und Benz schied schon im Jahr darauf erfolglos aus der Firma aus. Andere Geldgeber fanden sich, und 1883 entstand die »Benz & Cie., Rheinische Gasmotorenfabrik Mannheim«, die die Zweitaktmotoren bald produzierte. Die erstrebten wirtschaftlichen Erfolge stellten sich ein. Benz begann nun die Konstruktion eines Viertaktmotors für den Fahrzeugbetrieb. Er entwarf sein erstes Kraftfahrzeug, mit dem er beträchtliches Aufsehen erregte und das bekanntlich als das erste der Welt bezeichnet wird. Hatten seine Teilhaber schon mit Mißtrauen diese Bastelei verfolgt, so sperrten sie sich entschieden gegen die mit Investitionen verbundene Weiterentwicklung dieses Motorwagens. Unverblümt sagte einer der Kompagnons: »Herr Benz, wir haben jetzt ein ganz schönes Stück Geld verdient, aber lassen Sie die Finger von dem Motorwagen, sonst verlieren Sie noch alles.« Nur mit großer Mühe konnte Benz seine Kapitalgeber, von denen er ja abhängig war, davon überzeugen, daß sich nicht nur aus dem Motorbau, sondern auch aus der Automobilproduktion Profit herausschlagen ließ. Allerdings hielten seine Mitgesellschafter an der Produktion stationärer Motoren fest,

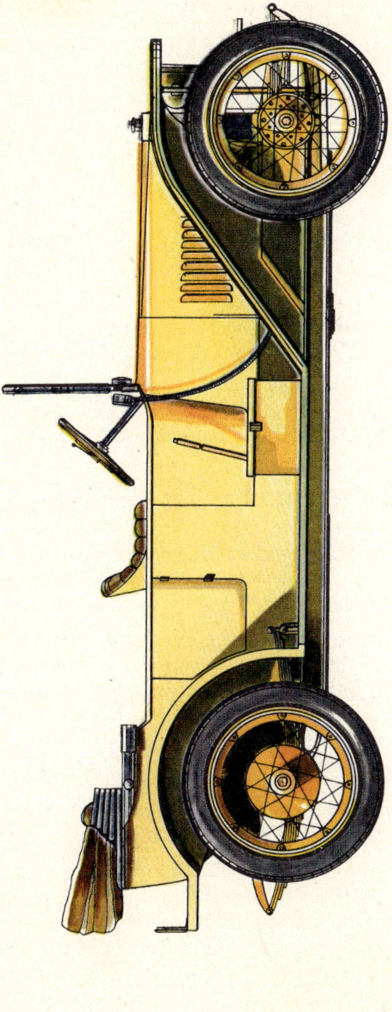

American Underslung 4-Zyl. 50 PS 1910

aber der Anteil der Automobilfertigung wuchs in der Tat immer mehr an.

Das Produktionsvolumen wuchs sogar so stark, daß neue Kapitalaufnahmen dringend erforderlich wurden. 1899 bildete man die offene Handelsgesellschaft zur Aktiengesellschaft um. Nun ging es den Unternehmern nicht schnell genug: Sie warfen Benz zu große Unbeweglichkeit und das Veralten seiner Modelle vor. Der Unternehmensvorstand berief den französischen Konstrukteur Marius Barbarou nach Mannheim, wo er neue und moderne Typen entwickeln sollte. Unabhängig davon arbeitete Carl Benz in seiner Versuchsabteilung weiter und entwickelte einen neuen Vierzylindertyp. Versehen mit einigen Details Barbarouscher Konstruktionen kam das Auto unter dem klangvollen Namen »Parsifal« auf den Markt. Es wurde in der Werbung als ein Werk des bekannten Ingenieurs Barbarou propagiert. Verbittert und verärgert zog sich Carl Benz aus seinem Werk endgültig zurück.

Nicht sehr viel besser erging es Gottlieb Daimler. Er war zunächst, nachdem er 1859 das Polytechnikum verlassen hatte, mit Hilfe von Stipendien auf ausgedehnte Reisen gegangen. Dabei lernte er in Deutschland, England und Frankreich zahlreiche Fabriken kennen, in denen er jeweils für kurze Zeit arbeitete. Er war in Paris, als der Lenoirmotor bekannt wurde; er lernte Englands hochentwickelten Maschinenbau in Leeds, Manchester und Coventry kennen, wo er in der wegen ihrer Präzision und der Spezialnormung ihrer Werkzeuge berühmten Werkzeugfabrik Withworth arbeitete. Er besuchte in London 1862 die Weltausstellung und schuf sich, in die Heimat zurückgekehrt, einen hervorragenden Ruf als Fachmann und Organisator durch seine leitende Tätigkeit in der Maschinenfabrik Reutlingen.

Zu Beginn der siebziger Jahre suchte die neugegründete Gasmotorenfabrik Deutz einen Fabrikationsleiter. Daimler nahm diese Stelle an, und er holte bald auch Wilhelm Maybach, den er in Reutlingen kennengelernt hatte, als Leiter der Konstruktionsabteilung nach.

Daimler und Maybach sammelten während ihrer zehnjährigen Tätigkeit in der Deutzer Gasmotorenfabrik, die damals führend in der Welt war, umfassende Erfahrungen auf dem Gebiete der Motorenfertigung. Sie gewannen die genaue Kenntnis des Verbrennungsmotors und seiner komplizierten Probleme. 1882 begannen sie in Stuttgart, nachdem sie sich von der Deutzer Fabrik getrennt hatten, die Arbeiten am Fahrzeugmotor in einer kleinen Werkstatt. Nach dem erfolgreichen Abschluß der Entwicklung ließen sie sich den Motor patentieren, und sie bemühten sich nun, seine Einsatzfähigkeit auf den verschiedensten Gebieten eindrucksvoll unter Beweis zu stellen. Sie bauten ihn in Boote, in Feuerspritzen, Draisinen, Pferdebahnwagen usw. ein. Während sich Benz mehr zum Kraftfahrzeug hingezogen fühlte, war diese Verwendungsmöglichkeit für den Motor von Daimler und Maybach nur eine Variante. All diese Versuche finanzierten sie mit ihren eigenen Ersparnissen, die allmählich zu Ende gingen. Wie Carl Benz, so waren auch Daimler und Maybach gezwungen, kapitalkräftige Geldgeber zu finden, mit deren Hilfe sie die Produktion des von ihnen entwickelten Motors aufnehmen konnten. Ende der achtziger Jahre trat ein gewisser Max Duttenhofer an sie heran mit dem Vorschlag, eine Gesellschaft zur Auswertung ihrer Erfindungen in großem Maßstab zu gründen. Duttenhofer war ein Großbourgeois, wie er sich damals mächtiger kaum denken ließ: Er besaß die Köln-Rottweilschen Pulverfabriken, zu denen Werke vom Ladogasee in Rußland bis Hamburg gehörten. Er saß im Aufsichtsrat des Nobelkonzerns und war an der Waffenfabrik Mauser, der Württembergischen Metallwarenfabrik, der Maschinenfabrik Eßlingen und an den Mannesmann-Werken maßgeblich beteiligt. Duttenhofer ließ keinen Zweifel daran, daß er zwar das Geld geben würde, daß die 1890 gegründete Daimler-Motoren-Gesellschaft GmbH jedoch nur das produzieren werde, was er für richtig halte und was im übrigen im Namen der Gesellschaft bereits eindeutig festgelegt sei, nämlich in erster Linie Motoren. Daimler und Maybach versuchten verzweifelt, sich mit ihren Plänen durchzusetzen. Auch sie trennten sich von ihrer Firma. Sie zogen wieder in eine kleine Werkstatt, in der sie ihren Phönixmotor und den Spritzdüsenvergaser entwickelten – Marksteine der Automobiltechnik, die weltweite Bedeutung erlangten. Duttenhofer hatte inzwischen die Möglichkeit erkannt, nicht nur Motoren, sondern auch Kraftfahrzeuge gewinnbringend abzusetzen, und deshalb holte er die beiden berühmten Konstrukteure schnellstens unter Versprechung goldener Berge zurück. Er dachte aber nicht im entferntesten daran, ihnen künftig freie Hand zu lassen. Für Daimler hörten die Auseinandersetzungen mit ihm und den anderen Aktionären nie auf, und er starb verbittert am 6. März 1900. Wilhelm Maybach blieb in der Daimler-Motoren-Gesellschaft noch sieben Jahre, in denen er bedeutende Leistungen vollbrachte.

Die am Beispiel der vielleicht berühmtesten deutschen Automobilpioniere deutlich gewordene Zwiespältigkeit zwischen ihrem Streben nach der Vervollkommnung des Kraftfahrzeugs und dem Zwang, damit Geld zu verdienen, ist symptomatisch für die meisten Kraftfahrzeugtechniker dieser Zeit. Bis zu welchem Extrem das führen konnte, zeigt das Beispiel von August Horch. Er war als gelernter Schmied zunächst jahrelang Leiter des Motorwagenbaues bei Benz gewesen, hatte dann eine eigene Firma gegründet, mit der er 1902 von Köln nach Reichenbach (Sachsen) und ein Jahr später nach Zwickau zog. Die August Horch & Cie. Motorwagenwerke AG produzierten ausschließlich nach den Entwürfen des Namensgebers Personenkraftwagen. Die Fertigung erlebte einen gewaltigen Aufschwung nach dem Sieg eines 18/22 PS Horchwagens bei der 2. Herkomerfahrt 1906, der dem Namen Horch auch internationalen Ruhm brachte. Leider wiederholte sich dieser Erfolg nicht. Die Aktionäre drangen darauf, den bewährten Typ möglichst lange weiterzubauen, und warfen Horch vor, seine Neukonstruktionen bzw. Verbesserungen seien viel zu aufwendig und zu teuer. Sie schoben Horch die Schuld am Umsatzrückgang zu und machten ihn für die finanzielle Misere des Unternehmens verantwortlich. Auch Horch blieb kein anderer Weg, als sich von seinem Unternehmen zu trennen. Allerdings scheiterten zunächst seine Versuche, eine neue Firma zu gründen: Auf Veranlassung der Horch-Werke AG wurde ihm gerichtlich untersagt, seinen Namen einem anderen Unternehmen zu geben. August Horch wußte sich nicht anders zu helfen, als daß er ihn ins Lateinische übersetzte. Der Imperativ von audire (hören, horchen) lautet: audi (Horch!). So gründete er denn

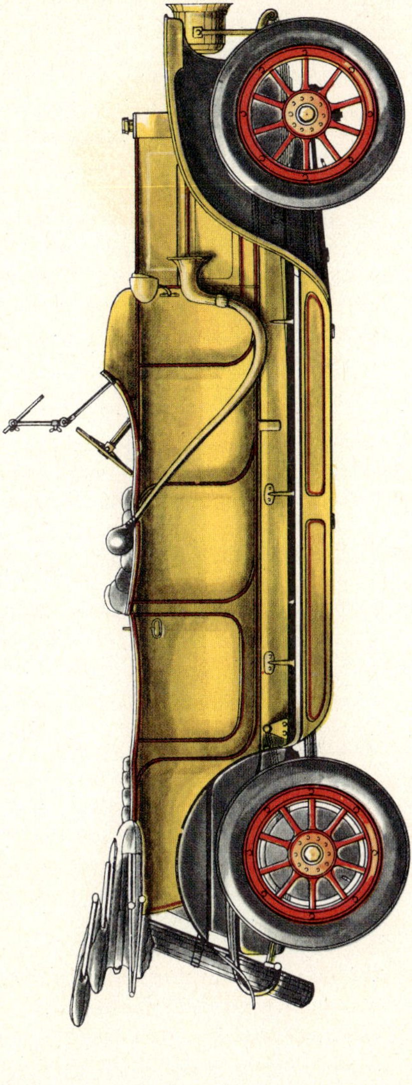

Lancia 6-Zyl. 30 PS 1911

die Audi-Werke ebenfalls in Zwickau, an deren Spitze er nunmehr als Unternehmeringenieur stand und die auf der Grundlage seiner Konstruktionen zu großem internationalem, vor allem sportlichem Ruhm gelangten.

Es muß einmal deutlich gesagt werden: Entscheidende Ursache für kapitalistische Unternehmer, sich der Kraftfahrzeugbranche zuzuwenden, waren nicht der Drang zur Verwirklichung eines technischen Optimums oder philanthropische Neigungen, sondern die – natürlich nicht risikofreie – Aussicht auf Unternehmergewinne, auf Profit. Die Produktion von Kraftfahrzeugen war für sie identisch mit der Produktion von Profit. Diesem Ziel ordneten sie alles unter – auch die Techniker.

Die hier geschilderten Verhältnisse zwischen den Technikern und den Kapitalisten waren keine Einzelfälle. Die Beziehungen zwischen beiden ergaben sich mit unumgänglicher Notwendigkeit aus der Tatsache, daß beide aufeinander angewiesen waren. Für die Automobilingenieure bestand zwar die Möglichkeit, für sich allein und unabhängig von fremden Geldern in bescheidenem Rahmen zu experimentieren. Spätestens nach dem erfolgreichen Abschluß der Entwicklung waren sie aber gezwungen, die ja letztlich angestrebte Produktion zusammen mit jenen Leuten zu beginnen, die das für die erforderlichen Investitionen nötige Kapital besaßen. War es zunächst fast ausschließlich die Gewißheit der Automobilpioniere, daß die Kraftfahrzeugfertigung und der Verkauf von Automobilen materiellen Gewinn bringen würden, auch wenn zunächst eine gewisse »Durststrecke« zu überwinden war, so hielten sich die Finanziers lieber an die sofort erzielbaren Profite. Daraus ergaben sich Differenzen, die – häufig durch Charaktereigenschaften der Beteiligten verstärkt – nicht selten zum völligen Bruch führten. Fast immer zog der Ingenieur dabei den kürzeren. Im Grunde genommen blieben ihm nur zwei Möglichkeiten: Entweder er unterwarf sich, oder aber er wurde selbst zum Unternehmer. In beiden Fällen wurden die Automobilpioniere zu Bourgeois. Nicht selten stellten sie sich dabei demonstrativ auf die Seite der rechtsextremen und reaktionärsten gesellschaftlichen Kräfte; August Horch war gerade darauf noch besonders stolz.

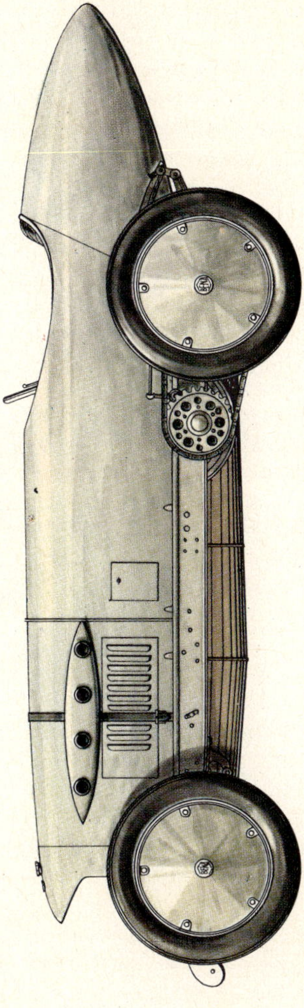

Blitzen-Benz 4-Zyl. 200 PS 1911

Die bereits erwähnten Firmen blieben nun nicht die einzigen in der Branche. Insbesondere nach den immer mehr steigenden Verkaufszahlen bei Daimler und Benz ließen sich nicht nur in Deutschland, sondern auch in anderen Staaten neue Unternehmen ins Handelsregister eintragen, die als Zweck die Produktion und den Handel mit Automobilen angaben. Darunter befanden sich z.B. bis zum Jahre 1900 auch die Fahrzeugfabrik Eisenach, die Opelwerke in Rüsselsheim und die Firma Hering & Richard in Ronneburg. Insgesamt waren es 32 Firmen, die in Deutschland bis zum Jahre 1900 entstanden und von denen die wenigsten die späteren Jahre überdauert haben. Auch nach der Jahrhundertwende hielt der Zustrom an. Insgesamt wurden 130 Unternehmen gegründet, von denen allerdings fast die Hälfte bis 1914 wieder einging. Bemerkenswert erscheint bei diesem Prozeß, der gewissermaßen die Konstitution der Automobilindustrie ausmachte, daß die bedeutenden und dauerhaften Gründungen in der Aufeinanderfolge unterschiedliche Herkunft verraten. Die ersten beiden Unternehmen – Benz & Cie., Daimler-Motoren-Gesellschaft – blieben dem Motorenbau im besonderen Maße verbunden und erhielten erst kurz vor der Jahrhundertwende Konkurrenz durch Firmen aus dem Bereich der Fahrradindustrie. Dieser damals in sehr hoher Blüte stehende Zweig hatte durch Überproduktionskrisen mit erheblichen Absatzschwierigkeiten zu kämpfen und geriet auf der Suche nach möglichst verwandten Produktionsgebieten zur Automobilfertigung. Fast alle diese Neugründungen verzichteten auf die Entwicklung eigener Motoren; sie kauften Lizenzen ein. Es ist interessant, festzustellen, daß in keinem Falle Lizenzmotoren von Daimler und Benz verwendet worden sind, sondern fast ausschließlich die kleineren und leichteren französischen Einbaumotoren. So benutzten Dürkopp und Stoewer Konstruktionen von Panhard & Levassor, Opel von Darracq, Adler, Cudell und Falke von De Dion-Bouton. Die Fahrzeugfabrik Eisenach hielt sich an das System Decauville. Erst nach der Jahrhundertwende traten eigene Konstruktionen an die Stelle der französischen Nachbauten; mittlerweile hatte man genügend Erfahrungen gesammelt. Zum gleichen Zeitpunkt etablierten sich in der Automobilbranche außer der Motoren- und der Fahrradindustrie auch die Elektrokonzerne wie AEG und Siemens. Daneben fanden sich zahlreiche Familienunternehmen, die sich allerdings nur in Ausnahmefällen (Stoewer, Opel, Brennabor u. a.) zu größeren Firmen entwickelten. Die meisten von ihnen wurden ein Opfer der Krise von 1907/08. Überleben konnten nur die, die bereits zu diesem Zeitpunkt über eine ausreichend starke finanzielle Basis verfügten. Bindungen an starke Monopolgruppen wie z. B. AEG und Siemens oder an Großbanken wie z. B. die Deutsche Bank, die Dresdener Bank usw. erschienen dabei am verlockendsten, denn mit diesen Riesen als Rückenhalt glaubte man sich gegen jede Konkurrenz gewappnet. Für viele Unternehmen erwies sich diese Hoffnung als Irrtum, nur für die Banken ging die Rechnung auf. Sie bekamen durch ihre Kreditpolitik fast den gesamten Industriezweig in den Griff, denn mit den vermittelten Summen wuchs auch ihr Einfluß auf die jeweiligen Unternehmen. So wie in anderen Industriezweigen, wo sich diese Praxis schon bestens bewährt hatte, waren sie es nun, die auch in der Automobilindustrie auf das Wohl und Wehe der Firmen den maßgeblichsten Einfluß gewonnen hatten.

Ein Sport für »Verrückte«

Eines der ersten journalistischen Zeugnisse über Fahreindrücke auf dem Automobil war der Bericht einer französischen Journalistin. Sie ward von ihrer Zeitung ausgeschickt, als Beifahrerin im Wagen eines gewissen Grafen de la Fournier eine Fahrt mitzuerleben – denn selbstverständlich besaß die Zeitung noch kein Automobil. Im Bericht dieser Dame las man später: »Der Wagen fuhr mit enormer Geschwindigkeit nach Rouen. Die hohe und noble Gestalt des Grafen streichelte der Fahrtwind. Sobald wir auf eine gerade Strecke kamen, schaltete der Graf entschieden den vierten Gang ein. Ich umarmte ihn aus Angst und flüsterte voller Begeisterung: ‚Graf, es ist ein Irrsinn!‘«

Bereits in frühester Zeit empfand man schnelle Fahrerei als jenseits des normalen Menschenverstandes, und ähnliche Vorwürfe haben sich auch jene Leute anhören müssen, die unter Aufbringung enormer physischer Kräfte die ersten Automobilrennen bestritten. Dabei verstand man schon als schnell, was wir heute als bessere Spazierfahrt bezeichnen. Denn über 25 bis 30 km/h bestenfalls kam man anfangs nicht hinaus.

Den Anstoß zur Veranstaltung des ersten Automobilrennens gaben die in den achtziger und neunziger Jahren sehr beliebten und häufigen Radrennen. Als im Jahre 1891 bei einer solchen Veranstaltung, die von Paris nach Brest und zurück führte, ein Automobil von Peugeot die 1200 km lange Strecke als Begleitfahrzeug ohne Beanstandung zurückgelegt hatte, faßten Journalisten den Entschluß, ein ähnliches Rennen nur für Automobile zu veranstalten. »Le Petit Journal« schrieb einen »Internationalen Wettbewerb für Wagen ohne Pferde« für den 28. Juli 1894 aus, der von Paris nach Rouen und zurück (126 km) führen sollte. Nennungen gingen überreichlich ein. Von den über 100 Fahrzeugen waren 39 mit Dampf, 38 mit Benzin, 5 elektrisch, 5 mit komprimierter Luft und eines sogar mit Federmechanismus angetrieben. Der erste Preis sollte dem Fahrzeug zufallen, das nicht nur die Strecke als schnellstes durchfahren hatte, sondern auch allgemeinen Gebrauchsbedingungen entsprach. Es mußte mehrere Sitze haben, damit noch jemand mitfahren konnte. Eine andere Vorschrift, die etwa das Gewicht, den Benzinverbrauch oder sonstige Dinge reglementiert hätte, gab es nicht.

Trotz der vielen Bewerber, die auch alle am Start erschienen waren, und trotz herrlichsten Sommerwetters, das Tausende Zuschauer an die Strecke gelockt hatte, kamen nur 15 Wagen ans Ziel. Es verdient festgehalten zu werden, daß die Dampfwagen bei dieser Gelegenheit eine beachtliche Überlegenheit demonstrierten. Als erster fuhr nämlich Graf de Dion mit seinem Dampfmobil über den Zielstreifen. Als nächste folgten ihm zwei Benzinmotorwagen, und dann kam bereits wieder ein Serpollet-Dampfwagen, ein zehnsitziger Omnibus. Wenn auch die Preisverteilung das Bild etwas korrigierte – der eigentliche Sieger wurde um einen Platz zurückgestuft, weil sein Dampfwagen nur einer Person Platz bot – und den beiden Motorwagen den Sieg zuerkannte, so ist doch unübersehbar, daß zu diesem Zeitpunkt noch keineswegs klar war, welcher Antrieb am leistungsfähigsten war. Das stellte sich erst im Jahr darauf heraus, als das erste »richtige« Autorennen von Paris nach Bordeaux ausgetragen wurde. Die 1300 km nahmen 22 Benzin-, Dampf- und Elektroautomobile unter die Räder, von denen nur 8 das Ziel innerhalb der vorgegebenen Zeit erreichten. Sieger war Emil Levassor auf einem Daimler »Viktoria«, der für die Strecke 48 Stunden und 42 Minuten gebraucht hatte, was einer Geschwindigkeit von 25 km/h entsprach. Die Dampfwagen waren ausgefallen. Die häufigen Pausen, in denen Wasser nachgefüllt und der Kessel neu gespeist werden mußte, erwiesen sich als ebenso zeitraubend wie die durch die Anfälligkeit der Dampfanlage erzwungenen Instandsetzungspausen. Es war also durchaus gerechtfertigt, wenn in der zeitgenössischen Sportpresse nicht nur das sportliche Ereignis gewürdigt, sondern auch dieses Ergebnis als ein »vollkommener Sieg, ein Triumph des Petroleums« gefeiert wurde. Ein kleines Geschehnis am Rande fand kaum Beachtung: Die Gebrüder Michelin hatten einen Peugeot ins Rennen geschickt, der keine Elastikreifen, sondern sogenannte Pneumatics an den Rädern hatte. Diese neuartige Luftbereifung trieb den Fahrer fast zur Verzweiflung. Fünfzigmal mußte er absteigen und einen defekten Schlauch flicken, bis er, aussichtslos zurückgeworfen, das Rennen beendete.

Der Motorsport begann sich allenthalben zu entwickeln, auch wenn die Strapazen, die mit der Fahrerei verbunden waren, die menschliche Leistungsgrenze häufig überschritten. Man kam bald von den Nonstopfahrten ab und schrieb Etappenrennen aus. 1896 führte das erste dieser Art von Paris nach Marseille und zurück. Die 1711 km lange Strecke war in 10 Tagesabschnitte eingeteilt. Nachts wurden die Fahrzeuge in einem »Parc fermé« abgestellt. Reparaturen durften nur während der Fahrzeit durchgeführt werden, und zur Kontrolle wurden die wichtigsten Einzelteile plombiert. An diesem Rennen nahmen sogar erstmals fünf Motorräder teil.

Im Jahre 1898 führte das erste deutsche Automobilrennen über 54 km von Berlin nach Potsdam und zurück. Allerdings nahmen nur 13 Automobile daran teil – ein Zeichen dafür, daß dieser Sport im Geburtsland des Automobils noch nicht auf sonderlich große Sympathien stieß.

In diesen Jahren veranstaltete man also die Rennen generell als Überlandfahrten, und die Teilnehmer fuhren über gewöhnliche Landstraßen durch Städte und Dörfer zum Ziel. Die Strecken wurden dabei immer länger und die Strapazen nicht gerade geringer. Vor allem aber – das Renngeschehen wurde immer unübersichtlicher und gefährlicher. Die Katastrophe ließ nicht lange auf sich warten. Als 1903 die bisher größte dieser Veranstaltungen, die vom französischen Automobilklub organisierte Fernfahrt Paris–Madrid, mehr als 200 Kraftwagen über die mit keinerlei Sicherheitsvorkehrungen versehenen Landstraßen jagen ließ, ereigneten sich so viel Unfälle, daß

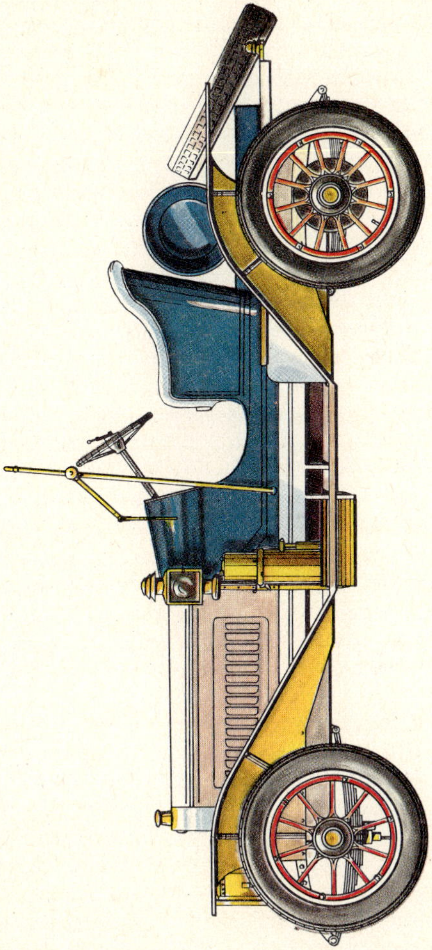

Lozier »Light Six« 6-Zyl. 52 PS 1911

10 Tote und viele Schwerverletzte unter Zuschauern und Aktiven zu beklagen waren. Das Rennen mußte abgebrochen werden. Es war das letzte seiner Art. Von nun an fanden reine Rundstreckenrennen statt, bei denen die Teilnehmer auf abgesperrten Straßen und vor Eintrittsgeld bezahlenden Zuschauern ihre Runden zu drehen hatten. Noch etwas hatte sich geändert. Die ersten Rennen waren offen für jedermann. Jeder, der dazu in der Lage war, konnte – gleichgültig mit welchem Automobil – an dem ausgeschriebenen Rennen teilnehmen. Gewertet wurde nur der Sieger. Seit dem Jahre 1900 stellten die Veranstalter gewisse Teilnahmebedingungen, d.h., die Rennwagen hatten bestimmten technischen Forderungen zu genügen. Diese sind seitdem in immer neuer Form und mit immer anderen Regeln in gewissen Zeitabständen neu ausgeklügelt worden. Sie tragen die Bezeichnung »Rennformel«. Die erste dieser Formeln stammte von einem amerikanischen Privatmann. Der Besitzer der »New York Herald«, James Gordon Bennett, der bereits berühmte Ballonrennen veranstaltet hatte, begann sich auch für den Motorrennsport zu interessieren und schrieb die nach ihm benannten Gordon-Bennett-Rennen aus, von denen zwischen 1900 und 1905 insgesamt sechs ausgetragen wurden. Die Formel bestimmte, daß die Wagen ein Gewicht (ohne Fahrer, Benzin, Wasser, Öl, Werkzeug, Ersatzteile, Gepäck und Proviant) von mindestens 400 kg und höchstens 1000 kg haben mußten. Jeder Wagen war mit zwei Personen zu besetzen, die jede mindestens 60 kg zu wiegen hatte. Waren sie leichter, dann sollte der Ausgleich durch Ballast erfolgen. Die Streckenlänge sollte nicht unter 550 km und nicht über 650 km liegen. Das nächste Rennen wurde jeweils im Lande der siegreichen Fahrzeugmarke durch den nationalen Klub organisiert. Erwies sich das als unmöglich, so wurde die Veranstaltung automatisch an Frankreich übertragen.

Diese Rennen wurden ausschließlich mit Spezialfahrzeugen bestritten. Aber während in späteren Jahren die Rennwagen meistens im Werksbesitz blieben, wurden in der ersten Zeit die erfolgreichen Typen gern an interessierte Kunden verkauft. Die Kosten eines solchen Rennwagens waren etwa die gleichen wie die für Luxusautomobile, die ja ebenfalls als Einzelanfertigung auf besonderen Wunsch gebaut wurden.

Ein Gordon-Bennett-Rennen wurde auch in Deutschland ausgetragen. Das war im Jahre 1904, nachdem im Vorjahre der Belgier Jenatzy in Irland auf einem Mercedeswagen gesiegt hatte.

Als Nachteil der Gordon-Bennett-Formel machte sich bemerkbar, daß nur drei Rennwagen je Land teilnahmeberechtigt waren. Da in den interessierten Staaten die aufblühende Automobilindustrie wesentlich mehr Unternehmen besaß, die sich von der Teilnahme an international beachteten Automobilrennen eine bedeutende Werbewirkung versprachen, drang man auf großzügigere Ausschreibungen anderer Rennen. Der französische Automobilklub beschloß aus diesem Grunde, künftig selbst als Veranstalter aufzutreten, und rief den Großen Preis von Frankreich ins Leben. Seit 1906 galt daher die sogenannte Grand-Prix-Formel, die allerdings ihre enge Verwandtschaft zur Gordon-Bennett-Formel nicht verleugnen konnte. Unter Verzicht auf ein Mindestgewicht galt als Höchstgrenze für die Fahrzeugmasse 1000 kg, wobei ein Zusatzgewicht von 7 kg bei Verwendung von Magnetzündern zugebilligt wurde. Die Bestimmungen über die Fahrzeugbesatzung wurden übernommen, allerdings durften sich jetzt Fahrer und Beifahrer am Lenkrad abwechseln, was vorher nicht erlaubt war. Erwartungsgemäß bestand die wichtigste Neuerung darin, daß sich jedes Werk mit drei Wagen an den Grand-Prix-Rennen beteiligen durfte. Im Jahre darauf wurde die Bestimmung dahingehend verändert, daß keinerlei Gewicht, dafür aber ein maximaler Benzinverbrauch von 30 Litern je 100 km vorgeschrieben wurde. Diese Formel war aber vor allem sportlich unbefriedigend, weil man nun erleben mußte, daß die besten und schnellsten Fahrer kurz vor dem Ziel ausschieden, da ihnen das Benzin ausgegangen war. Zwangsläufig setzte sich also statt der Benzinnorm wieder die Forderung nach einer Gewichtsbegrenzung durch. 1908 forderte die Formel daher ein Mindestgewicht von 1100 kg. Als Neuheit enthielt sie die Bestimmung, daß eine maximale Zylinderbohrung von 155 mm vorgeschrieben war, der Hub jedoch vollkommen frei gewählt werden konnte. Dies galt für

Vierzylindermotoren, jedoch durften Motoren mit anderer Zylinderzahl keine größere Gesamtkolbenfläche aufweisen, als sie diese Bestimmung zuließ. Man erhoffte sich davon einen wirksamen Ausgleich der Motorleistungen und eine stärkere Betonung des sportlichen Könnens der Fahrer. Der Motor des siegreichen Daimlerwagens leistete 140 PS bei 1400 U/min. Er hatte einen Zylinderinhalt von 13,5 Litern. Die Motoren der auf dem 2. und 3. Platz einkommenden Benzwagen waren ähnlich dimensioniert. Der siegreiche Fahrer dieses Grand-Prix-Rennens 1908 hieß Christian Lautenschlager. Das Reglement des für 1913 ausgeschriebenen Grand Prix enthielt sowohl eine Benzin- als auch eine Gewichtsnorm. Auf 100 km durften die Wagen nur 20 Liter Kraftstoff verbrauchen, und sie durften nicht leichter als 800 kg und nicht schwerer als 1100 kg sein.

Obwohl, insgesamt gesehen, in all diesen Jahren bei den Rennfahrzeugen beachtliche Motorleistungen erreicht wurden (130 bis 140 PS waren durchaus üblich), konnten all diese Experimente – die von Jahr zu Jahr wechselnden Bestimmungen – die Veranstalter und auch viele Teilnehmer nicht befriedigen. Diese Ergebnisse erzielte man im wesentlichen dadurch, daß man die Hubräume entsprechend riesenhaft dimensionierte. So war ein Zylinderinhalt von 13 bis 14 Litern für diese Fahrzeuge durchaus normal. Beim legendären »Blitzen Benz« (1911) – allerdings ein Rekordfahrzeug – kamen die 200 PS sogar aus 22 Liter Hubraum; der Wagen hatte einen Vierzylindermotor! Die »Feuerrösser« jener Jahre waren getreu dem Prinzip konstruiert: Je größer der Motor, desto größer die Leistung. Sie sahen entsprechend aus. Doch auch ihr martialisches Äußere – Zweidrittel des Fahrzeugkörpers blieben dem Motor, ein Viertel dem Heck und der winzige Rest dem Fahrer vorbehalten – konnte nicht darüber hinwegtäuschen, daß sich die spezifische Leistungsausbeute des Antriebs absolut nicht vom Gebrauchsautomobil unterschied. Der 8/18er Benz, ein Serienautomobil, besaß einen Motor, der aus 1,8 Liter Hubraum 18 PS brachte. Das entspricht einer Literleistung von 10 PS – nicht mehr und nicht weniger, als die furchterregenden 140-PS-Geschosse mit 14 Liter Hubraum auch zuwege brachten. Auch in anderen Parametern, z. B. bei den Drehzahlen, erwiesen

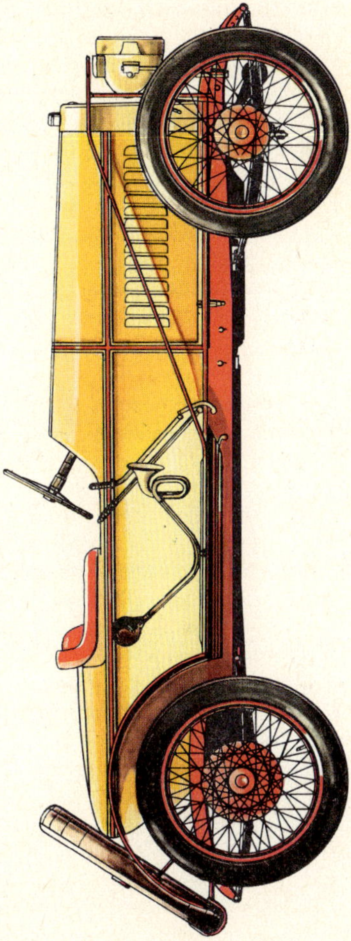

Hispano Suiza 4-Zyl. 64 PS 1912

sich die Rennaggregate den Gebrauchsmotoren zunächst keineswegs überlegen.

Einen grundlegenden Wandel bedeutete daher die Ausschreibung für den Grand Prix 1914. Nach dieser Formel durften die Wagen zum ersten Mal nur mit Motoren ausgerüstet sein, deren Hubraum maximal 4,5 Liter betrug. Der damit ausgelöste Leistungsanstieg war rasant. Der siegreiche Mercedesrennwagen leistete 115 PS, was einer Literleistung von 26 PS entsprach! Die Kurbelwellendrehzahl war von bisher üblichen 2000 bis 2400 U/min auf 3600 U/min angehoben worden. Bei den Versuchsmotoren waren prompt die Kurbelwellen gebrochen; sie hielten erst, als man eine völlig neue Materialzusammensetzung wählte. Auch die Zündung mußte verändert werden. Nur glimmerisolierte, mit Platinelektroden versehene Kerzen hielten den Beanspruchungen stand. Der Sprung in eine völlig neue Qualität war geglückt. Von nun ab unterschieden sich Renn- und Gebrauchsmotoren sehr erheblich voneinander, wobei erstere eindeutig die Rolle des Schrittmachers übernahmen.

Natürlich ergibt sich auch für jene Anfangsjahre die Frage nach dem Sinn des Motorsports. Er erwies sich schon vor der Jahrhundertwende, und später noch viel mehr, als eine unvergleichliche Prüfstrecke. Sie verband höchste Leistungsanforderungen mit großer Öffentlichkeitswirksamkeit, erlaubte Demonstration technischer Überlegenheit als eindrucksvollstes Mittel der Markenwerbung und wurde finanziert über Eintrittsgelder oder Mittel des Automobilclubs, so daß der Industrie nur der Aufwand für die Teilnahme blieb. Diese beträchtliche Bedeutung hat der Motorsport weder in dieser Frühzeit noch später unter den Bedingungen des vollausgeprägten Imperialismus für die kapitalistische Kraftfahrzeugindustrie verloren. Er erwies sich nicht nur als äußerst einflußreich auf die Profite der erfolgreichen Unternehmen, sondern stellte auch gleichzeitig eine ökonomisch und technisch sehr effektive Methode zur Aneignung des technischen Fortschritts im Automobilbau dar. Die Rennformeln haben der Kraftfahrzeugtechnik in bedeutendem Maße vorangeholfen. Die Verwirklichung der in ihnen enthaltenen Forderungen brachte Fortschritte auf fast allen Gebieten der Automobiltechnik. So betrug beispielsweise das Gewicht des Getriebes eines kleinen Personenwagens um 1905 rund 100 kg. Nicht zuletzt auf Grund der Gewichtsbegrenzungen für Rennwagen erreichte man schon bald, daß ein Renngetriebe für die mehr als zehnfache Leistung das gleiche bzw. sogar weniger wog. Ähnliche Beispiele lassen sich für andere hochbeanspruchte Fahrzeugteile, wie z. B. Kurbelwellen, Zündung usw., auch anführen. Die erzielbaren Geschwindigkeiten stiegen beträchtlich. Gewann der Sieger des Gordon-Bennett-Rennens vom Jahre 1900 noch mit einem Durchschnitt von 62 km/h, so mußte der des Jahres 1904 auf zweifellos schwierigerer Strecke schon 90 km/h erreichen, um seine Verfolger zu distanzieren.

Technischer Fortschritt für Gebrauchsfahrzeuge war aber nicht allein den Grand-Prix-Rennen zu verdanken. Mindestens ebenso positiv haben sich auch die Langstreckenfahrten ausgewirkt, die damals aufkamen und unter wechselnder Schirmherrschaft jährlich stattfanden. Sie waren eindeutig durch die Gordon-Bennett-Fahrten beeinflußt, erfreuten sich großen Zuspruchs und gewannen bald internationale Bedeutung. Bereits 1903 hatte der Maler Hubert von Herkomer, ein (aus Bayern gebürtiger) in England lebender Künstler, einen Preis gestiftet, der dem Sieger außer einem nennenswerten Geldbetrag ein »vom Meister selbst« gemaltes Porträt versprach. Da 1904 in Deutschland das Gordon-Bennett-Rennen stattfand, war die erste Herkomer-Fahrt für das Jahr 1905 angesetzt worden. Es mußte eine genau festgelegte Rundstrecke bewältigt werden, in die eine Bergprüfung und zwei Geschwindigkeitsprüfungen »eingebaut« waren. Außerdem gab es anschließend einen Schönheitswettbewerb, eine damals und in den späteren Jahren sehr beliebte Konkurrenz. Bei den Herkomer-Fahrten waren keine Werksmannschaften, sondern nur Privatfahrer zugelassen. Zum ersten Mal wurde auch das Strafpunktsystem für das Auswechseln von Teilen eingeführt.

Die Bedeutung dieser von 1905 bis 1907 jährlich einmal stattfindenden Herkomer-Fahrten lag darin, daß sie die Vorbilder von Tourenwagenprüfungen schufen und internationale Maßstäbe setzten. Sicherlich war das Reglement noch nicht exakt genug; es ließ vielfältige Ausdeutungen zu. Aber nicht zuletzt gerade deswegen ist den Herkomer-Fahrten so mancher wichtige Vorstoß in kraftfahrzeugtechnisches Neuland zu verdanken. Die Wagen durften nicht hochgezüchtete Einzelexemplare sein, sondern mußten in besonderem Maße dem robusten Alltagsbetrieb genügen. So mußten nach den Teilnahmebedingungen die Wettbewerbsfahrzeuge mit drei Insassen und einem offiziellen Begleiter besetzt sein.

Die Langstreckenfahrten wurden seit 1908 unter der Schirmherrschaft des Prinzen Heinrich von Preußen fortgesetzt und trugen daher den Namen »Prinz-Heinrich-Fahrten«. Auch sie waren für Tourenwagen ausgeschrieben, was aber nicht verhinderte, daß auf der Grundlage einer zuwenig abgesicherten Ausschreibung bald auch reine Sportfahrzeuge, ja schließlich sogar Grand-Prix-Typen teilnahmen. Wenn auch zunächst vorgesehen war, daß an diesen Fahrten überwiegend Privatfahrer teilnehmen sollten, so dominierte doch bald die reine Werksbeteiligung, und viele Unternehmen gingen dazu über, spezielle Fahrzeuge, die sogenannten PHF-Typen zu entwickeln.

Die Karosseriebauweise dieser Typen erregte großes Aufsehen und wirkte sich nachhaltig auf die gesamte Automobilmode und die Serienfertigung aus. Da jede der drei Prinz-Heinrich-Fahrten von einem anderen Fahrer gewonnen wurde, entschied das Los über den Gewinner des Wanderpokals. Es traf Ferdinand Porsche.

Den Prinz-Heinrich-Fahrten folgten zwischen 1910 und 1914 die großen Alpenfahrten, die sich innerhalb von jeweils vier Tagen auf über 2000 km schwierigster Bergstraßen abspielten.

Fernab dieser in Europa ausgetragenen Wettbewerbe gab es aufsehenerregende motorsportliche Ereignisse von hohem Rang durch einige Fernfahrten, die meist nur von wenigen in Angriff genommen wurden und mit unvorstellbaren Strapazen verbunden waren. Erwähnt seien die Fernfahrt Peking–Paris und die Afrika-Durchquerung von Grätz. Zu den härtesten Wettbewerben jener Jahre gehörten auch die Zuverlässigkeitsfahrten zwischen Petersburg und Kiew über 3000 km.

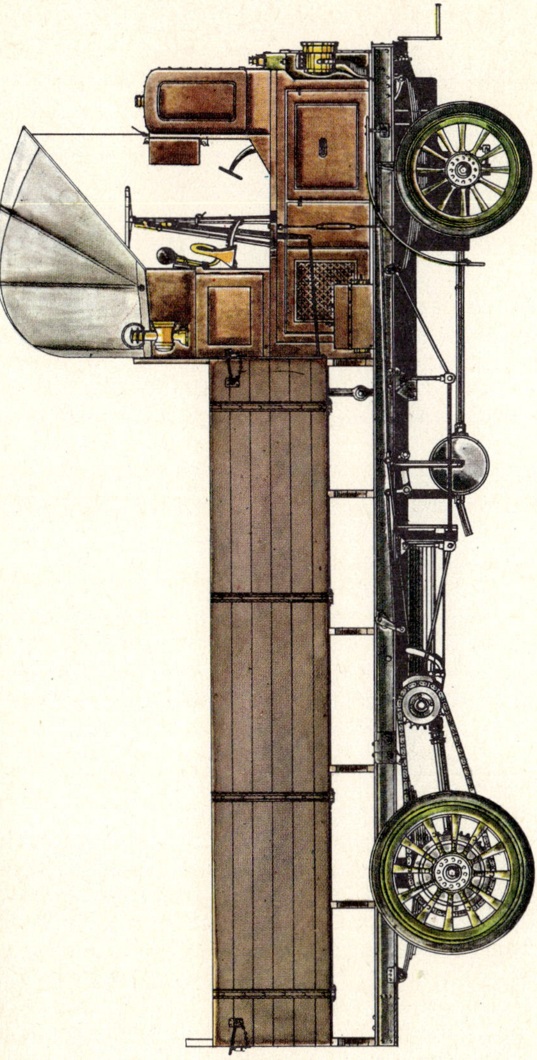

Büssing-Lastwagen 4-Zyl. 25 PS 1913

Erste Anfänge des Kraftverkehrs

Aus der Handvoll Kraftfahrzeuge, die es Ende der achtziger Jahre in der Welt gab, waren 1914 über 600000 geworden. Der Löwenanteil davon – fast eine halbe Million – entfiel allerdings auf die Vereinigten Staaten von Nordamerika; hier waren Automobile keine bestaunenswerten Raritäten mehr, sondern Massenartikel im Alltag. In der übrigen Welt aber spielte das Kraftfahrzeug eine völlig untergeordnete Rolle, kam der Kraftverkehr nicht über allererste Anfänge hinaus. Hier haben die »repräsentativen Funktionen«, die Renommiermöglichkeiten der Verbreitung des Automobils sich am meisten dienlich erwiesen. Aber als Verkehrsmittel wurde ihm nur allmählich ein bedeutender Rang verliehen, und erst in den zwanziger Jahren wurde das Automobil zur Grundlage eines völlig neuen Verkehrsträgers, des Kraftverkehrs. Jetzt erst bestimmten die Transport- und Verkehrsfunktionen das Aufgabenprofil des Automobils – auch des Personenwagens, der natürlich nach wie vor seine »profane« Bestimmung durch das Wohlstandsimage, das er seinen Besitzern verlieh, erheblich aufwerten konnte. Trotzdem gab es allererste Ansätze, das Auto in den Dienst des öffentlichen Verkehrs zu stellen, bereits sehr früh! Am nächstliegenden war der Gedanke, einen Personenwagen zu Mietfahrten oder in den Städten als Droschke zu verwenden. Diese hatte als öffentlicher Mietwagen im Verlaufe des 19. Jh. zunehmende Beliebtheit gewonnen. Sie wurde von Pferden gezogen und sollte, wie es in der Leipziger Gründungsurkunde hieß, »den Wunsch des Publicums nach einem immer bereiten schnellen Verbindungsmittel« befriedigen. Seit 1892 wurde mit

Hilfe eines Fahrpreisanzeigers, des Taxameters, der zurückgelegte Weg von der individuellen Auslegung durch den Kutscher befreit, für den bisher nur die Weisung gegolten hatte: »In kurzem Trabe auf dem kürzesten Wege zum Bestimmungsorte!« Kein Wunder also, daß die Motorisierung auch bald die Droschken ergriff. Um die Jahrhundertwende waren im Straßenbild der Städte Motor- oder Elektrodroschken vielbestaunte Neuheiten. In Leipzig erschien zum Tage der Erstfahrt einer Automobildroschke eine Scherzpostkarte mit folgendem Text, der sich in seiner lautmalerischen Schönheit wohl nur dem Kenner der Leipziger Umgangssprache voll erschließen wird:

»Ihr Nörgler schweigt! Jetzt Feinde weicht!
Daß Leipzig einer Großstadt gleicht,
Hier diese Autodroschke zeigt.
Es ist erreicht!«

Die erste Automobildroschke fuhr – wie konnte es anders sein – 1893 in Cannstatt. Es war ein Daimler-6-PS-Wagen in Landauerform. 1899 tauchte in Berlin die erste Elektrotaxe auf, deren Batterien etwa in Wagenmitte unter dem Rahmen befestigt waren. Besondere Verbreitung erreichten die NAG-Droschken. Diese Firma hatte 1904 eine Automobil-Betriebsgesellschaft mbH (Abag) gegründet, die ausschließlich NAG-Wagen im Droschkenbetrieb verwendete. Als Konkurrenz galt das Unternehmen von Paul Kandelhardt, der im gleichen Jahr mit Adler-Automobilen ein Taxameterunternehmen gegründet hatte. Die Adler-Werke vorm. Heinrich Kleyer AG vertrieben ihre Droschken übrigens als erste auf Abzahlung. Ihrem Beispiel folgten bald auch andere Firmen, und so eröffnete sich auch relativ gering bemittelten Interessenten, meist Chauffeuren mit wenig Geld und großer Fahrpraxis, die Möglichkeit, sich selbständig zu machen. Wie trügerisch diese Hoffnung war, zeigte sich im Jahr der Wirtschaftskrise 1907. Mehr als die Hälfte der damals in Berlin betriebenen 700 Autodroschken wurde gepfändet, weil ihre Besitzer durch Rückgang des Umsatzes nicht mehr in der Lage waren, die Raten zu bezahlen. Auch die Betriebskosten waren infolge der Anfälligkeit der Fahrzeuge viel höher als erwartet. Die größten Unternehmen schlugen in dieser Zeit viele ihrer kleineren Konkurrenten aus dem Felde. Spitzenpositionen nahmen danach die Paul Kandelhardt AG, die Berliner Elektromobil-Droschken AG (Bedag) und die Automobil-Betriebs AG (Abag) ein.

Fast alle Automobilfabrikanten Deutschlands stellten bereits vor dem ersten Weltkrieg Automobildroschken her: Daimler, Adler, Benz, Dürkopp, NAG, Stoewer usw. Die Fahrzeuge waren häufig als Landaulet karossiert, hatten also über dem Fahrgastraum ein Klappverdeck, während der Fahrer im Freien saß. Die Wagen mußten in den Städten in einheitlicher Farbe gehalten, mit einer deutlich sichtbaren Nummer und dem Taxameter versehen werden.

Obwohl die Autodroschken zunehmend Verbreitung fanden, kamen sie bis 1914 gegen die Konkurrenz »mit Hafermotoren« nicht auf. Zu diesem Zeitpunkt sah das Verhältnis wie folgt aus:

Stadt	Pferdedroschken	Autodroschken
Berlin	4620	1049
Chemnitz	56	11
Dresden	555	30
Leipzig	511	34

Interessant ist auch die Verteilung. Viel Droschken gab es in den Landesmetropolen, den Handelszentren und Anziehungspunkten für den Fremdenverkehr, während ausgesprochene Arbeiterstädte für dieses Verkehrsmittel kaum Bedarf hatten. Für solchen Luxus hatte man dort kein Geld.

Übrigens wurden auch elektrische Droschken wegen ihrer Geräuschlosigkeit geschätzt; um 1912 gab es noch über 500 von ihnen in Deutschland. Elektrisch galt oft als besonders vornehm – den Vorteil der Abgasfreiheit hielt man noch nicht für erwähnenswert!

Um die Jahrhundertwende sah man auch die ersten Omnibusse, die nicht mehr wie bisher von Pferden gezogen wurden. Auch hier war nicht von vornherein klar, ob der Verbrennungsmotor wirklich die leistungsfähigste

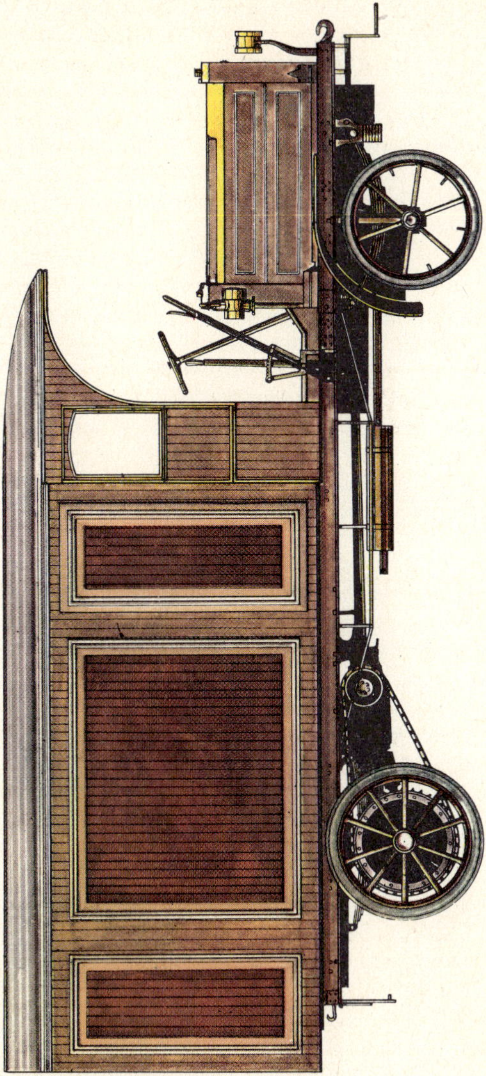

Büssing-Lastwagen 6 Zyl. 38 PS 1913

Antriebsquelle war. Selbstverständlich hatten Daimler und Maybach auch an den Omnibusbetrieb gedacht, als sie die Anwendungsgebiete ihres neuen Motors demonstrierten. Aber erst viele Jahre später gelang ihnen die Verwirklichung eines entsprechenden Vorhabens. Im Jahre 1898 wurde die »Motorwagen-Betrieb Künzelsau-Mergentheim GmbH« gegründet, die einen Omnibusbetrieb zwischen den beiden 30 km voneinander entfernten Orten mit einem Daimler-Viktoria-Wagen für 10 Personen eröffnete. Das Unternehmen war ein Fehlschlag und wurde bereits im Jahr darauf wieder eingestellt. Das gleiche Schicksal hatte drei Jahre vorher die »Netphener Omnibus-Gesellschaft« erlitten, die 1895 als Ersatz für die geplante Siegthal-Bahn den Omnibusverkehr zwischen Siegen, Netphen und Deutz aufnahm. Die beiden Benz-Landauer für je 8 Personen erwiesen sich den Anforderungen keinesfalls gewachsen, und die Fahrgäste mußten den Wagen oft schieben. 1896 wurde der Betrieb eingestellt.

Mehr Erfolg hatte man mit dem Omnibusbau in England, wobei man dort den Dampfantrieb bevorzugte. Die Busse waren große Wagen mit eisenbereiften Holzrädern, vornstehender Kesselanlage und Unterflurmaschine. Sie konnten 30 Personen mit einer Geschwindigkeit bis zu 20 km/h befördern und wurden weniger im Überlandverkehr als vielmehr in den Städten eingesetzt, die mit ihren asphaltierten Straßen besonders günstige Voraussetzungen dafür boten. Bekanntlich konnte sich der Dampfantrieb auch bei den Omnibussen international nicht durchsetzen. Die Zahl der Omnibusse mit Verbrennungsmotor nahm langsam, aber stetig zu. Sie waren allerdings meist klein und wurden von Hotels gern für Rundfahrten bzw. als billige Verkehrsgelegenheit zum Bahnhof benutzt.

Etwa ab 1904 fuhren speziell für den Einsatz im Stadtverkehr konstruierte Omnibusse. In der Form hielt man sich dabei an die guten Erfahrungen, die man mit Pferdebus und Pferdebahn gesammelt hatte: ein mittelgroßer Wagenkasten mit einem offenen Oberdeck, dessen Benutzung Damen übrigens in besonders sittenstrengen Städten nicht gestattet war! Die ersten derartigen Benzinomnibusse wurden 1904 in London in Dienst gestellt. In

Büssing Oberdeck-Omnibus
4-Zyl. 50 PS 1913

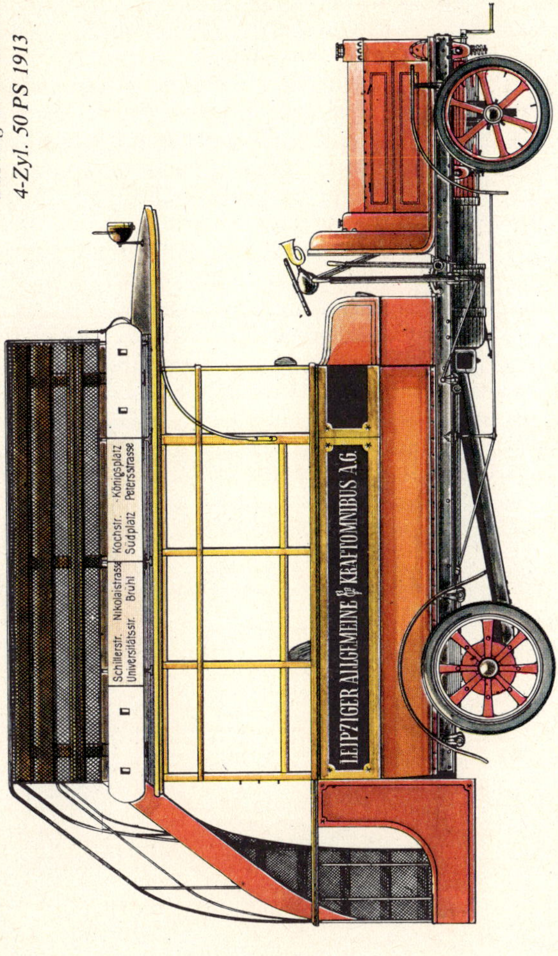

Deutschland gab es auch zahlreiche Städte, die sich damit versuchten. Dauerhaften Erfolg hatte man damit nur in Berlin. Hier waren die Straßen so gut, daß die unzulängliche Beschaffenheit des Fahrzeugs nicht so sehr ins Gewicht fiel. Die hartgefederten Fahrgestelle – die Omnibusaufbauten saßen auf gewöhnlichen Lastwagenchassis – und die Vollgummibereifung ließen jede Unebenheit des Straßenpflasters durchkommen. Das bedeutete nicht nur für den Fahrgast eine harte Tortur, sondern verursachte bei den Wagen zahlreiche Störungen und Ausfälle! Von den 72 Omnibussen, die die Allgemeine Berliner Omnibus AG (ABOAG) in Betrieb hatte, stand ein knappes Drittel ständig in den Depots zur Reparatur. Auch die Elastikreifen mit ihrer geringen Auflagefläche bereiteten wegen des damit verbundenen labilen Fahrverhaltens der hochgetürmten Busse große Sorgen. Die nach der Jahrhundertwende bei Personenkraftwagen selbstverständlichen Pneumatics konnte man für die schweren Nutzfahrzeuge noch nicht verwenden. Insgesamt waren die Omnibusse den strapaziösen Bedingungen des Stadtbusalltags mit dem häufigen Anfahren, Beschleunigen, Schalten und Bremsen noch nicht gewachsen. Es ist daher kein Wunder, wenn Omnibusse im Stadtverkehr bis 1914 Ausnahmen blieben.

Straßenkehrmaschine 1905

Gregoire Prototyp 4-Zyl. 1913

Viele Versuche wurden wieder eingestellt, weil der erhoffte Nutzen nicht eintrat bzw. in keinem Verhältnis zum Aufwand stand.

Anders verhielt es sich im Überlandverkehr. Die Straßen waren zwar auch nicht in einem besonders guten Zustand, wenn auch das Katzenkopfpflaster, das in den Städten zum Schrecken der Kraftfahrer geworden war, auf den Landstraßen unbekannt blieb. Aber die rüttelnden Omnibusse boten nun eine Fahrgelegenheit, wo man bisher laufen mußte – und da nahm man etwas Unbequemlichkeit schon in Kauf. Um die auf mäßigen Fuhrwerksbetrieb ausgelegten Verkehrswege wenigstens nicht zu sehr zu ruinieren, mußten die Busse bestimmten Vorschriften genügen. Diese begrenzten das Höchstgewicht eines Wagens auf 5 t und forderten eine Mindestbreite der Reifen von 155 mm.

Der Überlandverkehr mit Omnibussen entwickelte sich im Gegensatz zum innerstädtischen Einsatzgebiet recht lebhaft. Im Jahr 1914 gab es in Deutschland Kraftverkehrslinien mit einer Gesamtlänge von etwa 7000 km. Sie lagen meistens in Gebieten mit sich entwickelndem Fremdenverkehr, so z. B. im Harz, in Süddeutschland und in Thüringen. Andererseits entstanden Überlandlinien als Verbindung zwischen mehreren Orten von industrieller Bedeutung oft als Ersatz für eine einstmals vorgesehene, jedoch noch nicht verwirklichte Eisenbahnlinie. Dies traf z. B. auf fast alle der 30 Linien zu, die es 1914 in Sachsen gab.

Alle Kraftverkehrslinien dienten ausschließlich der Personenbeförderung. Auf einer Linie, zwischen Augsburg und Pötmes, wurden Passagiere und Güter befördert, während der Versuch einer reinen Güterlinie zwischen Hamburg und Lübeck, der 1913 unternommen wurde, erfolglos scheiterte. Das lag in erster Linie daran, daß die Kraftfahrzeuge in ihrer technischen Qualität noch zu wenig den Anforderungen entsprachen. Für einen beladenen Lastzug rechnete man z. B. mit einer Durchschnittsgeschwindigkeit von 10 km/h. Zwischen Leipzig und Dresden wäre er demnach einschließlich der Pausen 14 bis 15 Stunden unterwegs gewesen.

Die Konzeption der Nutzfahrzeuge war vergleichsweise

Opel Rennwagen 4-Zyl. 110 PS 1913

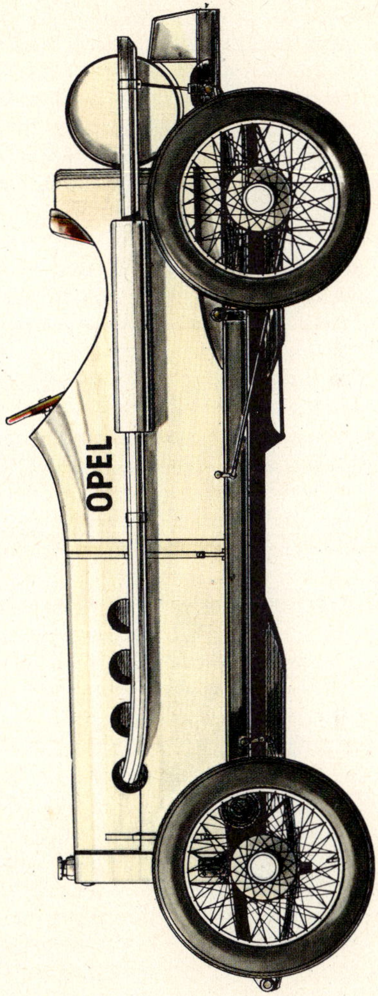

primitiv. Vergebens sucht man bei ihnen bis 1914 die Fülle der Versuche, neue und bessere Lösungen technischer Probleme zu finden, wie sie für die Entwicklung des Personenkraftwagens so kennzeichnend sind. Die Nutzfahrzeughersteller kannten kaum Experimente, sie bauten bewußt konservativ. Das lag vor allem daran, daß der Käuferkreis die Wagen weniger zu Repräsentations-, sondern zu sehr konkreten Beförderungszwecken haben wollte, für die Zuverlässigkeit – und das hieß damals in erster Linie Robustheit – Voraussetzung war. Entsprechend waren die Fahrzeuge konstruiert. Das Fahrgestell bestand aus einem schweren U-Eisenrahmen, in den mit Hilfe von Quertraversen Motor, Getriebe usw. gelagert wurden. Der Motor, zunächst meist ein- bzw. zwei-, später auch vierzylindrig, war vorn angebracht. Während man in Deutschland von vornherein den Verbrennungsmotor als Antriebsquelle bevorzugte, wurden in England und Frankreich mit großem Erfolg auch Nutzfahrzeuge mit Dampfantrieb eingesetzt. Man kann sogar sagen, daß hier der Dampf als Antriebsquelle für schienenlose Landfahrzeuge seine höchste Vollendung erreichte und jedenfalls länger erfolgreich war als der Elektroantrieb, mit dem um die Jahrhundertwende auch bei Nutzfahrzeugen experimentiert wurde.

Bei allen Nutzfahrzeugen – ausgenommen nur die leichten mit 1 t Tragfähigkeit – herrschte ausnahmslos die Vollgummibereifung vor. Anfangs waren einige Fahrzeuge sogar noch eisenbereift. Die Kraft wurde vom Motor über die Konuskupplung auf das gewaltig dimensionierte Wechselgetriebe mit einbezogenem Differential und von da mit Ketten auf die Hinterräder übertragen. Bei leichteren Wagen, zunächst bis 1,5 t, im Jahr 1914 bis zu 3 t Nutzlast, setzte sich auch der Kardanantrieb durch. Die Federung übernahmen sehr harte Blattfedern, die ab 1910 erstmals lastabhängig abgestimmt wurden. Die Leistungen der in Nutzfahrzeuge eingebauten Motoren erreichten bei weitem nicht die Größenordnungen, die sich bei den Personenwagen als technisch durchaus realisierbar gezeigt hatten. Bei 40 bis 45 PS waren in den Lastwagen und Omnibussen die Höchstgrenzen erreicht. Stärkere Motoren wurden auch nicht verlangt. Hohe Motorleistung

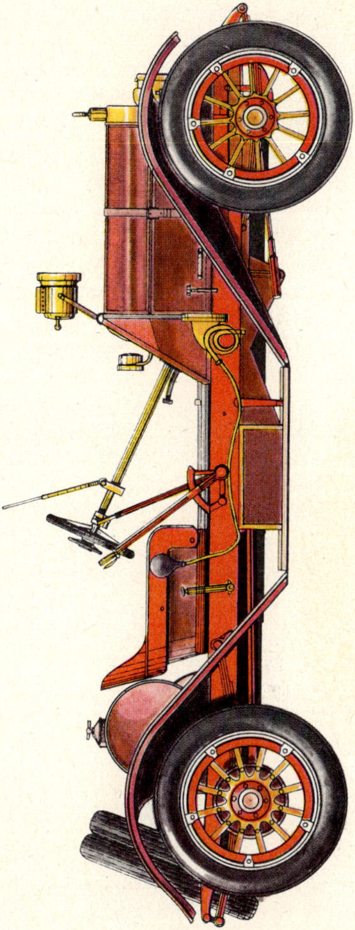

Mercer 35J 4-Zyl. 60 PS 1914

bedeutete im Grunde nur höheren Benzinverbrauch und höhere Störanfälligkeit, also Unwirtschaftlichkeit. Daher gab man sich lieber mit niedrigen Drehzahlen und geringen Fahrgeschwindigkeiten zufrieden, um Robustheit und lange Lebensdauer zu erreichen. Lastkraftwagen wurden fast ausschließlich im Orts- bzw. Nahverkehr verwendet. Diejenigen, die relativ große und schwere Gütermengen in reichem Maße zu transportieren hatten, waren in erster Linie die Brauereien, die auch den Löwenanteil an den schweren Nutzfahrzeugen hatten; ihnen folgten Ziegeleien, Mühlen und landwirtschaftliche Großbetriebe.

Während die Produktionszahlen bei den Personenkraftwagen rasch stiegen und schon 1907 die 5000er Grenze überschritten, ging die gleiche Entwicklung bei den Nutzfahrzeugen wesentlich langsamer vor sich. Im Jahre 1901 wurden in Deutschland 39 Lastwagen gebaut; 1907 waren es 504.

Von den rund 65000 Automobilen, die es 1914 in Deutschland gab, waren etwa 9000 Lastkraftwagen. Das war zwar nicht viel, aber es genügte offenbar den Ansprüchen, denn man darf nicht vergessen, daß das Pferdefuhrwerk im Nah- und Flächenverkehr noch die meisten Transporte bewältigte.

Es lag also weniger am Nutzfahrzeug als vielmehr am Personenwagen, daß der Kraftverkehr zu einer unübersehbaren Erscheinung auf den Straßen geworden war. Das galt nicht nur für Deutschland, sondern für alle entwickelten Staaten. Im Jahre 1909 fand in Paris eine internationale Konferenz über Probleme des Kraftverkehrs statt, die auf einigen Gebieten einheitliche Empfehlungen verabschiedete. Das »Internationale Abkommen über den Verkehr mit Kraftfahrzeugen« unterzeichneten Österreich-Ungarn, Belgien, Bulgarien, Spanien, Frankreich, Großbritannien, Griechenland, Italien, Monaco, Montenegro, Holland, Portugal, Rumänien, Rußland, Serbien und Deutschland. Sichtbarstes Zeichen dieses gemeinsamen Abkommens waren die nunmehr überall einheitlichen Verkehrszeichen. Man hatte sich auf vier Warnzeichen geeinigt: für Querrinne, Kurve, Bahnübergang und Kreuzung. Außerdem bestanden aber bereits in den einzelnen Staaten örtlich bedingte Sonderregelun-

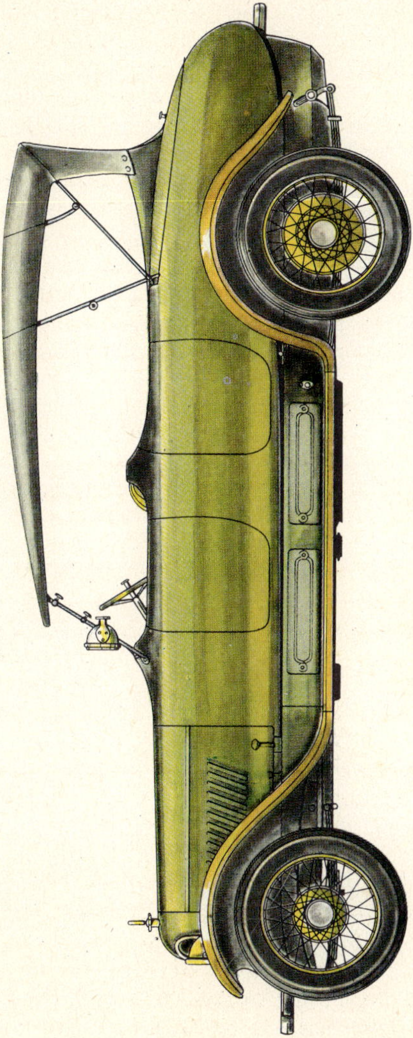

Pathfinder 12-Zyl. 70 PS 1918

gen. In Deutschland hatte der Kaiserliche Automobilklub acht Warnzeichen für gefährliche Kurven, Querrinnen, steiles Gefälle, Bahnübergang und Straßenkreuzungen entwickelt, die außerdem noch den Hinweis enthielten, wo der Kraftfahrer Signal zu geben hatte. Und schließlich durften in den deutschen Ländern noch drei rechteckige Zeichen verwendet werden, die mit Schrift und Punkten Verkehrsverbote für Kraftwagen und Motorräder und das Gebot einer Höchstgeschwindigkeit ausdrückten.

Die Fahrgewohnheiten in den einzelnen Staaten waren schon weitgehend einander angeglichen. In den meisten Staaten wurde rechts gefahren und links überholt. Die umgekehrte Variante galt in England, Luxemburg, Portugal, Schweden und Österreich–Ungarn. Interessant ist ein Überblick über die erlaubten Höchstgeschwindigkeiten:

Staat	innerhalb von Ortschaften	außerhalb von Ortschaften
Belgien	15 km/h	40 km/h
Dänemark	15 km/h	30 km/h
Deutschland	15 km/h	nicht vorgeschrieben
Frankreich	20 km/h	30 km/h
Großbritannien	16 km/h	32 km/h
Holland	8–12 km/h	nicht vorgeschrieben
Italien	12 km/h	40 km/h
Luxemburg	15 km/h	35 km/h
Österreich	6–15 km/h	45 km/h
Portugal	15 km/h	30 km/h
Schweden	15 km/h	25 km/h
Schweiz	6–10 km/h	30 km/h
Spanien	12 km/h	28 km/h
Ungarn	25 km/h	nicht vorgeschrieben
USA	12–20 km/h	25–35 km/h

Unabhängig von diesen Vorschriften durfte in den meisten Staaten nachts ein bestimmtes Maximaltempo auch außerhalb der Ortschaften nicht überschritten werden. In Dänemark war mit Ausnahme einiger Amtsbezirke das Fahren nachts überhaupt verboten. Dort, wo keine Höchstgeschwindigkeit vorgeschrieben war, galt die auch heute noch bekannte Bestimmung, daß die Fahrgeschwindigkeit jederzeit so einzurichten sei, daß das Fahrzeug sicher zum Halten gebracht werden könne.

Die Geschwindigkeiten innerhalb geschlossener Ortschaften variierten recht häufig. So durfte man z.B. in Deutschland in Berlin und in einigen Kreisen des Regierungsbezirkes Potsdam bis zu 25 km/h fahren, in Dresden, Leipzig und einigen anderen Städten waren 20 km/h erlaubt. Das galt als äußerst fortschrittlich! Im krassen Gegensatz hierzu regierte anderswo noch finsteres Mittelalter: Nicht weniger als 159 Orte in Bayern verlangten noch 1912 von allen durchfahrenden Kraftfahrzeugen Pflasterzoll, der je nach Fahrzeugart und Ort zwischen 15 und 20 Pfennigen schwankte.

Einheitliche Maßstäbe galten seit Erlaß des Steuergesetzes am 3. Juni 1906 für die Abgabepflicht der Kraftfahrzeughalter an den Reichshaushalt. Für Krafträder mußten danach pauschal 10 Mark jährlich entrichtet werden. Bei Kraftwagen verhielt es sich etwas komplizierter. Um sie entsprechend ihrer unterschiedlichen Größe annähernd gerecht zu besteuern, schuf man eine auf die Motordimension bezogene Formel, aus der die zu versteuernden PS errechnet wurden. Die Formel lautete: $N = 0{,}3 \cdot i \cdot d^2 \cdot s$, wobei N die Steuer-PS, 0,3 eine Konstante, i die Zahl der Zylinder, d die Bohrung in cm und s den Kolbenhub in m bedeuteten. Der sich daraus ergebende Wert wurde der PS-Zahl vorangestellt, woraus sich die übliche Doppelbezeichnung wie z.B. 6/14, 2/10 usw. erklärt. Zur Erläuterung ein Beispiel: Der Dixi U 35 (1907–1914) hatte einen 4-Zylindermotor mit 120 mm Bohrung und 150 mm Hub, der 40 PS leistete. Die Steuerformel ergab folgenden Wert:

$N = 0{,}3 \cdot i \cdot d^2 \cdot s$

$N = 0{,}3 \cdot 4 \cdot 144 \cdot 0{,}15$

$N = 1{,}2 \cdot 144 = 172{,}8 \cdot 0{,}15 = 25{,}92 = 26$

Die Bezeichnung lautete daher auch 26/40 PS.

Das Steuergesetz unterschied vier Klassen, und zwar bis 6, bis 10, bis 25 und über 25 Steuer-PS, in denen jeweils ein Grundbetrag von 25, 50, 100 und 150 Mark jährlich und ein Zuschlag von 2, 3, 5 und 10 Mark pro Jahr und PS gezahlt werden mußten.

REGISTER